椅子クラフトはなぜ生き残るのか

坂井素思

左右社

椅子クラフトはなぜ生き残るのか―目次

椅子クラフトはなぜ生き残るのか

指田哲生「片袖安楽椅子」

ひとりでも、ふたりでも、
もしかしたら、3人でも、
座ることのできるような自由な椅子

珈琲を飲み、本を読みながら、
話のできるような柔軟な椅子

人と人の間にあって、
人と人の距離を保ちながら、
人と人を結ぶことのできるような
ふつうの椅子

まえがき

椅子との出会いで、もっとも印象に残っているのは、アフリカの一木《いちぼく》造りの椅子だ。二〇一五年に松本市で開かれたグレイン・ノート椅子展に参考出品されていた、次ページ写真の右側の椅子だ。座ってみるとわかるのだが、座面が低く脚が四方へ伸びており、安定した姿勢で仕事をするのに適している。しゃがむよりずっと楽だ。そして何よりも、椅子というには、あまりに原初的でシンプルな姿に、かえって魅力を感じるのだ。隣にある子ども椅子と同じように、温かさのある幼稚さみたいなものを想わせる。材を厚く取ってあり、堅牢であることも明瞭だ。椅子の原点ではないかと思ったのだ。けれども他方で、なぜ丸太をくり抜くという、手間のかかる工法で作られているのだろうかと、不思議に思ったのも事実だ。

その後、一木造りの椅子は、池田三四郎著『三四郎の椅子』の写真や、松本クラフトフェアで上映されたアフリカの一木造り椅子製作の記録映画、二〇一八年に東京都庭園美術館で開催された「ブラジル先住民の椅子」展でも詳しくみることになるのだが、依然として、なぜ一木造りと

アフリカの一木造りの椅子（右）

いう特殊な作り方をするのかは不明だった。

そうこうしているうち、後述することになる古代エジプトの椅子職人の壁画を手に入れた。松本市在住の木工家指田哲生氏にみせると、「当時ノコギリはあったのでしょうか」という質問を受け、虚をつかれた。そしてじつは、これで一木造り椅子の疑問は思いがけず氷解したのだった。

一木造り椅子以外では、椅子の脚と座面と背板の間では、ふつうほぞ組みや木ネジ・釘で、木を接ぐ。このとき板材が必要なのだが、丸太からくり抜かれる一木造り椅子時代には、この板材を作る道具であるノコギリが存在しなかったのだ。木組み椅子が誕生するためには、鋸《のこ》で板を作るという発想が必要だった。もちろん、少量の大雑把な板ならば、丸太に大きな楔を打ち込んで作る木割り工法でも可能なのだが、細やかな木取りではやはり、鋸文化が存在するかしないかが、木組み椅子と一木造り椅子とを分けている。

のちにプラスティック素材が出て、椅子が大変化を遂げたのと同等の影響が、数千年かけて古代エジプトに浸透していったのである。

家具史研究家のF・ダンピエール著『椅子の文化図鑑』は、古代エジプトにおける鋸の出現に注目している。銅製の鋸が最初に発見されたのは、一八九九年のアビュドス遺跡でF・ペトリーの手によるものであったが、その後W・エメリーがサカラで古代エジプト第一王朝ジェル王時代（紀元前三〇五〇年頃）の銅製鋸を発見している。また、中王国時代（紀元前二〇四〇年から一七八二年）以降、より性能の良い青銅製の道具が発達したことが指摘されている。

想像できるのは、鋸の発達が古代エジプト文化へ与えた影響である。鋸の出現がちょうど第一王朝から中王国・新王国への発達に呼応しており、椅子が背板のないスツール形態から脱して、背板を持つ王座の椅子が作られるようになった変化とほぼ同期しているのである。ここには数千年の年月が横たわっているので、この仮説は割り引いて考えなければならないのだが、背板を備えたことで、権力を表す王座の椅子が出現したといえる。ツタンカーメン王の有名な王座の椅子などはその典型例だ。

このようにして、鋸の出現が椅子の歴史を変えたのは間違いない。製作技術としての鋸は、単に素材の板を作り出しただけではなく、権力の象徴としての背板の付いた椅子を作り出し、椅子の概念そのものを変えてしまったのだ。これから本書でみていくように、一つの製作技術や考え方の出現が、椅子の作り方を変えると同時に、椅子の使い方をも変えてしまうという、椅子と製作者、椅子と使用者、製作者と使用者との間の相互的な呼応関係が、椅子の歴史には繰り返しみられることになる。

本書は、椅子クラフツ（工藝）がなぜつくられるのか、椅子クラフツに何を求めるのか、という問いを通して、クラフツ文化の在り様が単に経済問題として説明されるのではなく、生活文化全体の問題として起こってきているのをみていく。現代社会ではほとんど気が付かれていないが、じつは近年、木製の椅子生産・椅子消費はかなり減少してきているという危機的状況が存在する。このまま産業自体が日本から消えてしまうのではないかと危惧する向きもある。ところが他方、椅子のクラフツ文化は現代においてもずいぶんしっかりと地域に根付いて生き残っており、椅子クラフツの成立する事情は際どいところでかなり複雑な様相を呈しているという現実がある。椅子の製作者の視点、椅子の使用者の視点、さらに椅子の社会的領域の視点などにひとまず分解し、同時に、さらに複合的な視角からの社会経済学的アプローチを本書では行っていくことにする。なぜ小規模生産は生き残るのだろうか。椅子製造をモデルとしてみながら、ものづくりの将来と日本の経済社会全体を考えたい。

本書全体の構成をあらかじめ示しておきたい。第一章では「なぜ椅子クラフツを取り上げるのか」という問題提起を行っている。古代エジプトの壁画に描かれた椅子職人をみながら、古代から現代に至る椅子クラフツの共通の特徴を考える。この中で、椅子クラフツというものの示す

「手づくり生産と機械生産」「記名性と無名性」という生産・消費の対比的な特性を捉え、クラフツ文化の特徴を明らかにしていくことにする。かつては、無名性と手づくり生産重視の産業特性を色濃く示していたクラフツ生産だが、今日のクラフツ生産は必ずしも純粋に無名性と手づくり生産に特化しているわけではない。しかしそれにもかかわらず、現代のクラフツ文化特有の性質を示しつつある。生産性が低く労働集約的であっても、なぜ生産性の高い効率的な大企業に伍していく力がクラフツ生産には存在するのか、問題提起を行っている。

次の第二章では「椅子クラフツ生産はいかに行われているか」を問うている。クラフツ生産が、生産額が減少傾向を示す中で、構造的に赤字体質を抱えている現実を統計資料をみることで確認している。けれども他方、統計に現れるように、生産性が低く労働集約的な特徴があっても小規模化することで生き残ってきているという現状がある。ここで、なぜ小規模生産のクラフツ生産は現代においても持続する傾向を示すのかを考えることにする。

「近代椅子はどのように変化してきたか」について、第三章では考えている。武蔵野美術大学美術館・図書館の椅子ギャラリーを訪ね、近代椅子コレクションを観覧していく。近代椅子のトーネット椅子、アールヌーボーとアーツ&クラフツの椅子、さらに、建築家の椅子・北欧の椅子などの中に、機械による量産だけではなく、手づくりによる職人技の特徴のあることをみていく。

第四章では「なぜ椅子をつくるのか」というテーマについて、椅子の製作者たちへのインタビュー調査結果を再構成している。同時に、先述の木工家指田哲生氏に話を伺いながら論を進めている。製作者たちが、椅子を作る理由を素材を重視すること、技能を身につけること、製作の自由さなどに求めていることに注目していく。

「椅子に何を求めるか」という点をめぐって、椅子使用者の立場に注目しているのが、第五章である。椅子は休息の道具として最も身近なものであるのだが、それだけではない椅子の効用が存在する。椅子使用者たちへのヒアリング調査などを参考にしながら、使用者が示す「座り心地」や椅子の「デザイン」への反応、さらに、生活道具としての椅子の価値などについて考えたい。

王座の椅子、労働の椅子に対して、生活の椅子の系統が存在するのだが、こうした生活用具としての椅子の代表例として、子ども椅子というジャンルを中心に据えたい。これについて「生活文化としての椅子」というテーマで考えているのが第六章である。子どもが示す人間発達の過程で、子ども椅子が親と子どもを結びつける役割を持っていること、子ども椅子独自の構造が存在すること、さらに子ども椅子の持つ遊び要素などについてみる中で、子ども椅子が生活文化の重要な要素となっていることを考察する。

第七章では、「椅子の社会的ネットワーク」について考える。自然生活者のヘンリー・ソローの示した三つの椅子を解釈して、椅子の社会的機能に注目する。椅子には「環境関係性」という特性のあることにも注目したい。そして、椅子やベンチを媒介とした人びとのネットワークが形成されるのをみていく。

終章では「椅子からみる経済社会」というテーマで、椅子クラフツ生産の成立可能性について考える。椅子にはクラフツ生産で作られる性質があるが、逆に結果として、椅子がクラフツ文化を通じて経済社会を造り、影響を与えていく面も存在する。このような椅子クラフツ生産が成り立つためには、経済的な生産や補助だけでなく、社会文化的な助成・補完などが不可欠であることをみる。とりわけ、クラフツ文化が社会の中で影響を及ぼす「社交効果」の事例を重視したい。

以上のとおり、本書の前半では椅子クラフツ生産が現在どのような状況にあるのかをみていく。なぜ椅子を作るのか、椅子に何を求めるのかなどの問いを探る中で、日用品としての椅子生産とクラフツ文化の特徴をみていく。後半では、椅子クラフツ文化が示す社会的な作用に注目していく。とくに、成長産業が優勢だと考えられている現代社会の中で、椅子クラフツ生産などの生産性の低い労働集約的生産の産業がなぜ生き残るのかという点が重要である。経済的要因もさることながら、クラフト文化特有の、多様性を実現する柔軟な手づくりに注目する必要がある。

成長産業と伝統産業が複雑にせめぎ合うのが現代社会の特徴である。本書全体を通じて、なぜ小規模な手づくり生産が存続するのかについて考えながら、わたしたちの椅子に関する現状認識を新たにしたい。自分の身の回りにある椅子を思い浮かべながら、ページを繰っていただければと思っている。

第一章

なぜ椅子クラフツを取り上げるのか

1. 椅子クラフツ文化の「起源」

椅子の起源

椅子クラフツ（工藝）とその文化は、すでに紀元前二十六世紀に現れ、そして現代までずっと続いてきている。最も古いとされる「現存する椅子」は、古代エジプト第四王朝、クフ王の母であるヘテプヘレス王妃の椅子（紀元前二十六世紀、図1）である。[1] 驚くべきことは、この古代という時代にあって、すでに椅子に座る文化が定着しており、その椅子を作るというクラフツ文化もかなり整備されていたことである。クラフツ文化とは、手づくりで少量生産を特徴とする工藝文化のことである。椅子の歴史は、一木造りの椅子に始まって、王侯貴族が権力誇示のために座る王座の椅子と、労働者が作業のために座るスツール系の椅子とに分かれて発達してきた。この椅子は王座の系統にある椅子であるが、現代使われている椅子と基本的な構造は同じであることから、椅子クラフツというものに関して、「作る文化」と「座る文化」がエジプト文明やメソポタミア文明ですでに形成されていたことが、この椅子や数々の壁画やレリーフの存在によってわかる。[2]そして、写真でみられるように笠木、背板、肘木、座板、前脚、後脚など、今日でも変わらない基本構成が確認される。

椅子というものの構成要素は、まずは座るという基本機能を中心に成り立っている。第一の構成要素はやはり、人の身体の尻部分を受ける「座面」で、この座面を構成する「座板」部分を抜かすわけにはいかない。座板さえあれば、それは椅子だと言って良いのだと思われるくらい構造上重要な部位である。後でみる椅子職人の壁画でも、王族用の椅子、椅子職人のスツール、三本脚のスツールにも、共通に座面は存在する。そしてさらに、椅子の構成要素には、座面を支えたり座面を補完したりする「脚」「背板（肘木を含む）」「貫《ぬき》」がある。ヘテプヘレス王妃の椅子では、この補強のための「貫」は省略されているが、少しのちの時代になるツタンカーメン王の椅子には、貫がすでにある。

このような椅子の基本構造を考える上で、建築の空間構成の考え方は参考になる。建築学の古典として伝えられているG・ゼムパー著『建築芸術の四要素』では、人間の定住と安息を示す器として、火を起こす「炉」が中心となって、住宅が構成されたとみている。[3]住宅では、炉によって焚き場を設けて、活気づけ、暖を取り、食事の支度をする。それゆえ「炉」が建物全体の中心となる。そして、炉の周りに三つの要素である「屋根、囲い、土台」が自然から炉を守る構成要素として配置されるとしている。そこで問題は、中心となる「炉」だけがあれば、住宅といえるのかという点にある。

同様にして椅子も、座面を中心として、いかにして身体全体を尻部分で受けることができるかが課題であったことは間違いなく、座面だけのシンプルな椅子も存在することも確かなのだが、単に座るだけで椅子なのかという永遠の問題が存在することになる。まず、座面を補強するために、四本の脚が作られ、そして背板および肘木が作られたとみて良いと思われる。建築物が中に収まる人間が居て、初めて住居となるのと同じように、人間の身体が椅子に収まって、初めて椅子は椅子となる。つまり、誰が座るのかが椅子の形態を決定するのだ。

椅子職人の起源

紀元前十五世紀に描かれた椅子職人のエジプト壁画がある（図2～4）。この壁画は、宰相レクミレの墓（Tomb of Rekhmire、レクミレは紀元前一四二五年頃、トトメスⅢ世時代のテーベの行政官）に描かれた職人尽くし図の一部だ。墳墓ということになっているが、レクミレ自身の墓ではなく、単に祭られているところらしい。おそらく彼はこれらの職人たちを統率していたのだろう。現代に至る

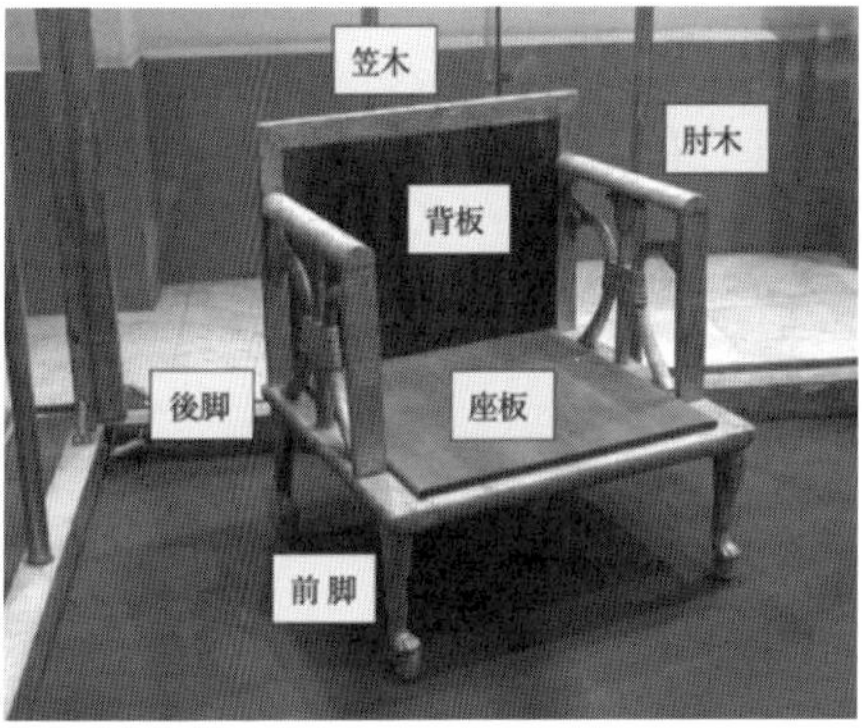

図1｜ヘテプヘレス王妃の椅子（紀元前26世紀）

図2｜壁画に描かれた椅子職人（右下）（レクミレ遺跡）

図3｜椅子職人（拡大図）

図4｜椅子職人の分業体制（レクミレ遺跡）

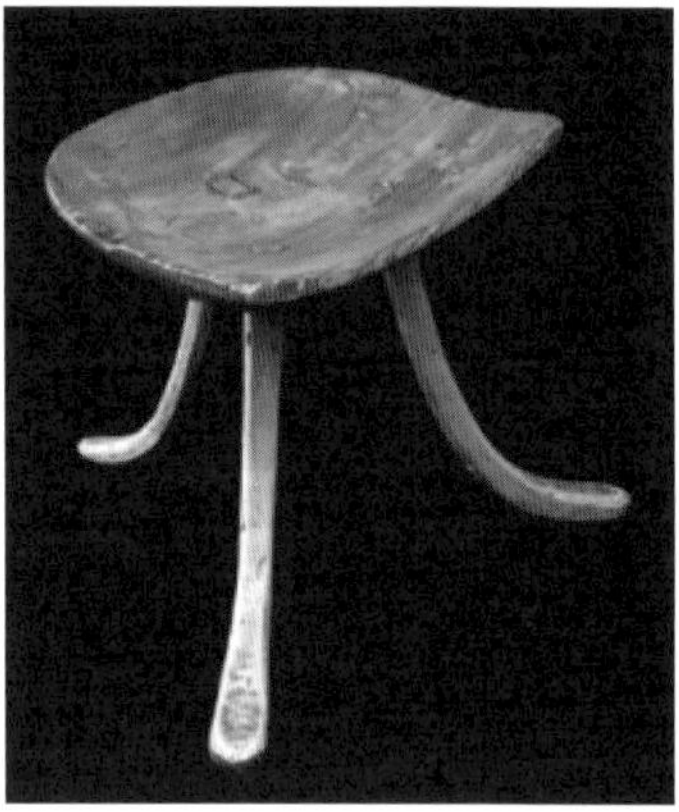

図5｜古代エジプト文明の三種類の椅子

椅子職人の本質的なところが描かれていて、何よりも椅子クラフツ文化として職人たちの分業体制が存在することがわかる。この時代にしてこの描写ありとする、驚愕に値する壁画である[4]。

この壁画の下部には、椅子職人が二人描写されている。右側の職人は脚を専門に作っており、とくにこの脚がライオンの足を模したものになっていることから、王族の椅子を製作していることがわかる。もう一人の職人は、まさに組み立てをしている最中で、椅子工程の最後を受け持っている。別の人が木を切り出して、脚を作り、台座を作っており、最後の段階を受け持つ人物が、ここでは描かれている。エジプトの紀元前十五世紀の職人は極めて分業された体制をとっていることがわかる。

椅子クラフツをみていくときにまず重要なのは、椅子には、どのような種別があるのかという視点である。この壁画には、椅子の構造種別がわかる三つの椅子が典型的に現されている。椅子の基本構造は、三千五百年前と現在とあまり変わらず、明らかに種別による異なるパターンが存在することがみて取れる。一つ目の椅子は、職人がいま作りつつある王族用の椅子であり、二つ目の椅子は椅子職人が座っている四角のスツールである。そして、三つ目はこの椅子職人の左上の職人が座っている三本脚のスツールである。

これらの壁画からわかるように、椅子は王侯貴族の椅子と労働の椅子とに分かれて発達してきた。のちの時代の椅子の構造がいかに形成されたのか、そしてさらに発展して、クラフツ文化や生活文化に対してどのような影響を与えたのか。結局のところ、この分岐がその問いにもつながってくるといって良いだろう。簡単にいえば、貴族の椅子には背板や肘木が付くことになり、それらが脚部分と一体の造りとなった。壁画の椅子でも、労働者の座っている椅子には背板がないが、製作中の貴族の椅子には背板が付けられていることが明瞭に確認できる。背板があり、後ろ脚がそのまま背板へ伸びる形式は、それ以後の王族・貴族の椅子の定番となった。英国王室・貴族、フランス王族・貴族の椅子の伝統でも、ロココ様式などにみられるようにこの形式が椅子職人に受け継がれていった[5]。

もっとも、貴族椅子でもスツール系の椅子、そしてさらにバナキュラーチェアなどの田舎椅子から発達したウィンザーチェア系の椅子では、労働椅子の伝統であるスツール形式から多くをとることになった。たとえばウィンザーチェアでは、座面を境にして、脚部分と背板・笠木・肘木部分とが切り離された造りになっていることが観察される。

椅子の二つの系統と近代

以上でわかるように、椅子クラフツ文化は、「壁から生まれた椅子」である王座・貴族椅子の系統と、「大地から生まれた椅子」である労働椅子の違いを生み出した[6]。そしてこののち、椅子クラフツ生産は、有名な椅子職人が作る王座・貴族椅子の伝統と、無名の多くの椅子職人が作りつつ座り、他の職人たちが作業に使う労働椅子の伝統、さらに、近代社会の中で庶民が日常座るようになる生活椅子の伝統とに分かれていくことになる。

そしてクラフツ生産の伝統の中で、一方では芸術作品のように椅子に刻印される「記名性」が特徴となり、他方の、製作者の刻印のない「無名性」あるいは「匿名性」による大量生産との葛藤が続くことになる。椅子クラフツ文化の中で、記名性と無名性との葛藤は本質的な性質であるといえる。[7]

さらに椅子クラフツ文化の特徴を知る上で重要な点は、椅子の機能が座るということであっても、椅子には貴族的な使用と労働者的な使用に加え、さらに異なる使用となる場合があることである。すなわち近代社会の民主化の中で、これらの王座系の政治的椅子や、労働椅子系の経済的椅子以外の椅子が、数多く開発されてきている点である。政治的権力の発揚のための椅子や、経済的役割としての労働椅子以外にも、余暇やくつろぎなどの生活文化に適合する椅子が、近代社会の中で数多く作られて生きていることを理解することが必要である。近代になって、椅子の多様化が進んできている。

図6｜弓ドリルを使う椅子職人（レクミレ遺跡）

図7｜古代エジプトの大工道具。上から斧（一挺）、鋸（二挺）、大小の手斧（ちょうな）、弓ドリル、油入れと砥石（右下）、錐と鑿4本（左下）。錐と組み合わせた弓ドリル（右上）

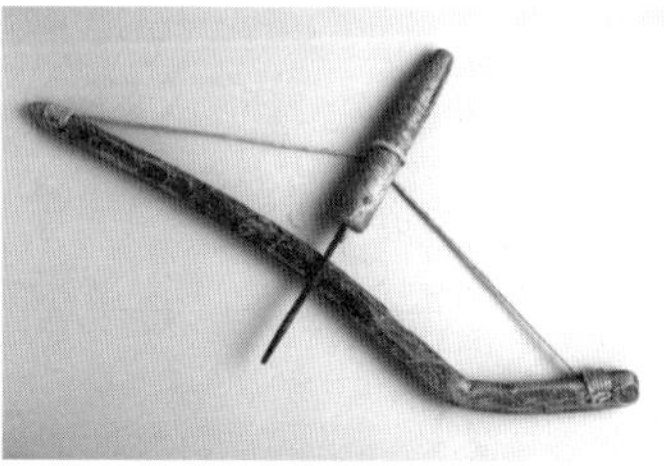

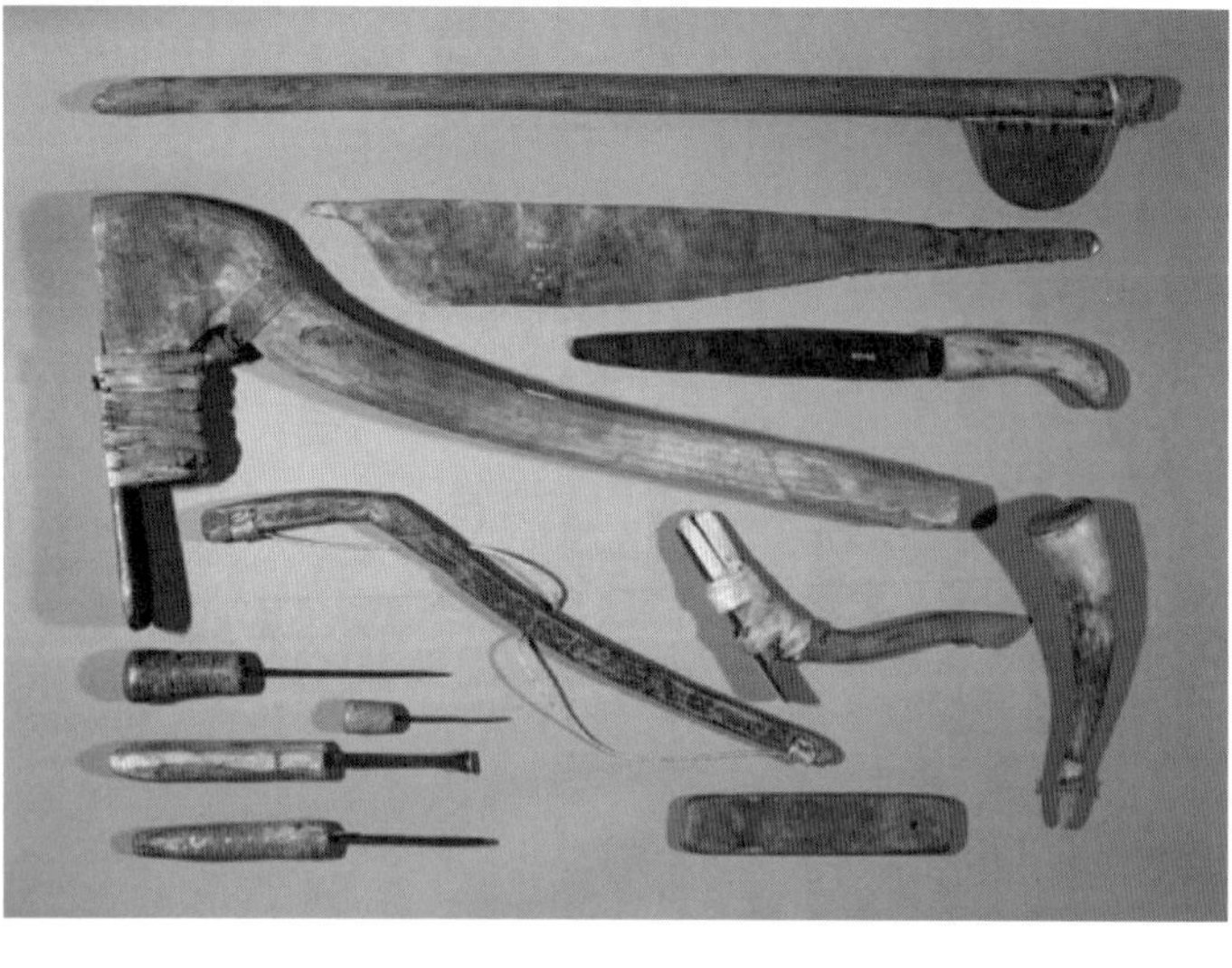

2. なぜ椅子のクラフツ生産に注目するのか

道具と手仕事

先ほどのエジプト壁画では、椅子クラフツ生産に関係して、もう一つ、注目すべきトピックが存在する。それは「ドリル（穴あけ機）」を使っていることだ（図6）。紀元前十五世紀に、たとえ手動式であったとしても、ドリルが存在していたこと自体驚きだが、壁画から椅子職人の道具として使われていたことがわかり、この図ではあたかもこのことが誇示されているようにさえみえる。職人は左手で石のお椀をかぶせ、キリを上から支え、右手で弓の部分を持ち、弦をキリに巻きつけて、弓状のドリル（弓ドリル）を動かしている。弓と弦による回転運動をキリの垂直的な力へ転換する機械的な道具を使っているのである[8]。

リプチンスキー著『ねじとねじ回し』で指摘されているように、ヨーロッパには木組みで接合するのではなく、木ネジで木と木を接合するという、ネジとスクリュードライバーの伝統がかなり以前からある。それの原型ともいえるようなドリルが、すでにこの紀元前十五世紀のエジプトに存在し、壁画に描かれていたことは、注目に値する[9]。椅子職人の図として、このドリルがとりわけ描かれる理由があったと考えるのが自然だ。当代の典型的な技術の例として、とくに注目されて描かれたに違いない。おそらくここに描かれている弓ドリルは、いわば「機械生産」的な、当時の最先端の技術として登場したといって良いだろう。

大英博物館には、このレクミレ遺跡の壁画だけでなく、同時代に使われていた道具の実物が残されている（図7）。共通点は、金属部分が鉄製ではなく、銅製かあるいは青銅製であることだ。斧、大小のノコギリ、大小の手斧、そして、弓ドリルとドリルの錐となる部分がある。

この時代の工法が現代とどのように異なるのかということは、クラフツ文化の問題として、手仕事と道具との関係で重要な意味を持つので、少し詳細にみておきたい。ここでは、青銅製の道具だということがポイントである。鉄製の道具は、百年ほど後、有名なツタンカーメン王時代頃に、ヒッタイト文化としてエジプトにもたらされる。すなわち、その直前のこの時代には、青銅という柔らかな金属の道具しかなかった。釘が鉄ではないので直接強く打ち込むことができず、したがって、ドリルを使って穴を空ける文化が発達したと考えられる。穴を空け、そこに釘を通すことになったのだ。釘穴の多さが、写真から観察できる[10]（図8）。

繰り返し指摘するように椅子クラフツ生産では、手仕事と機械使用生産との葛藤がつねに存在するが、それがこの時代にも存在していることがわかる。椅子クラフツ生産には、クラフツ文化の特徴が数多く反映されている。そもそもクラフト（craft）とは、「力」や「技」を語源とする言葉であり、手仕事による工藝のことである。したがって、クラフツマンとは作る人（ホモ・ファーベル）のことをいう。このような作ることにおいて、手を使うということの重要性は多くの人が認めることである。手仕事には、作ることの基本形が存在する。もっとも、社会学者R・セネットはそれでは足りないと考え、考えながら作る人、あるいは作りながら考える人がクラフツマンであるとする。確かに、単なる労働を行うのではなく、労働にプラスして、良いものを作ろうとする製作者本能を持っているのがクラフツマンである、とする考えは各国に共通してみられる。

ボジャーという専門職人

クラフツ生産には特有の生産文化があるとするクラフト研究家のシーモアは、すでに廃れてしまったクラフト職人を一例に挙げている。[11] 椅子クラフツ生産には、ボジャー（bodger）と呼ばれる、椅子などの脚やスピンドル（紡錘形の細長い円柱棒）をろくろを駆使して専門に作る職人がかつて存在した。彼らはブナの森林を渡り歩いて、木を切り、その木から主としてウィンザーチェアの脚や貫や、背板の代わりになるスピンドルを作ることを専門に行っていた職人である。彼らは、近世から近代にかけて数百年ほど英国の家具産地近くの森林で営業を行っていた。チルタンびとと呼ばれ、ロンドンから北西のオックスフォードへ向かって行く途中に彼らの森はあった。この森を移動しながら、ナラ材などを切り出して、ハイウィッカムの家具工房へ部材を下ろしていた。

なぜボジャーがクラフツ文化の中で重要な意味を持つのだろうか。田舎椅子からウィンザー

図8｜背面からみた王族の椅子と座面に空けられた釘穴

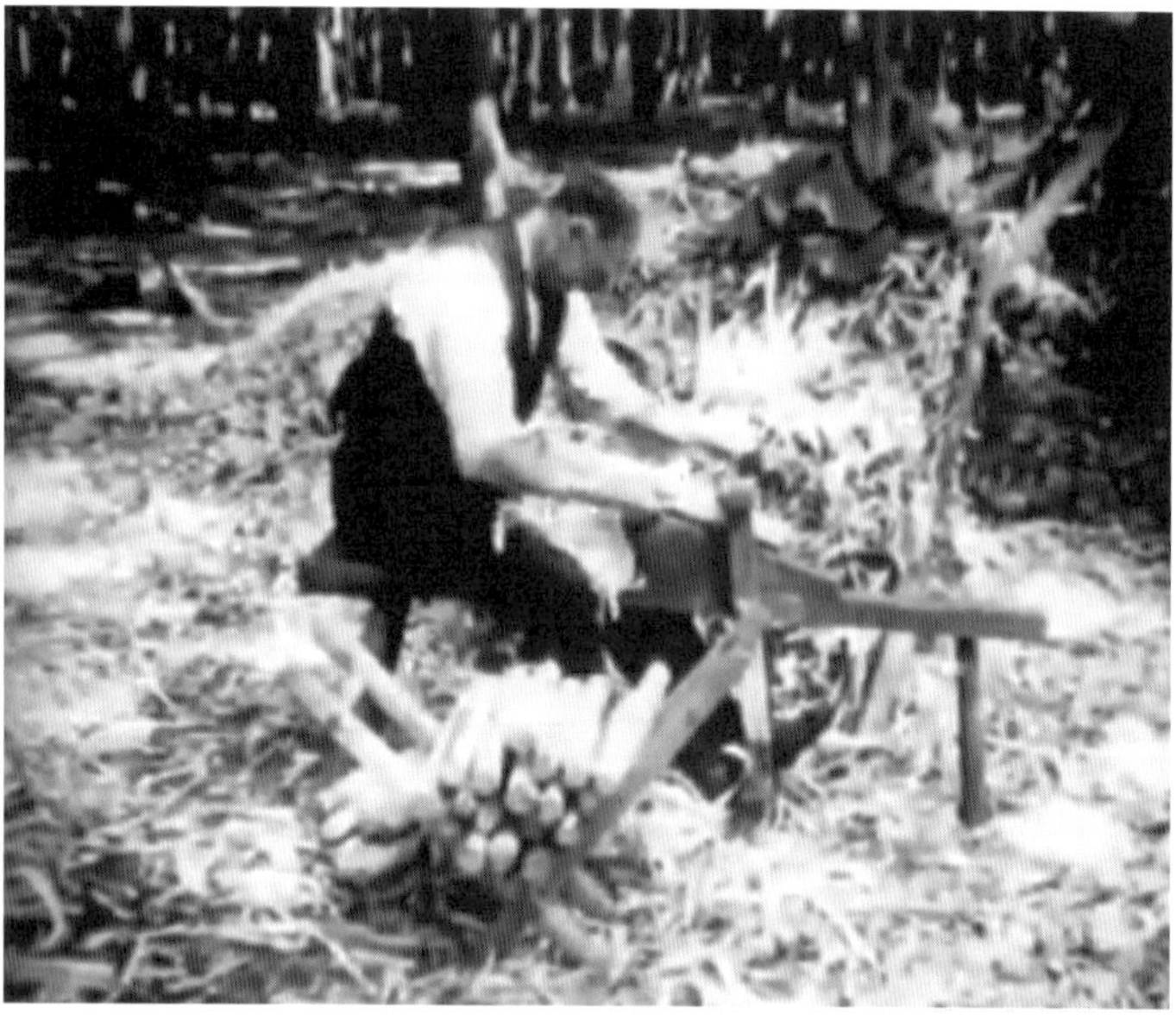

図9｜鉋がけをするボジャー

チェアへ転換していった椅子生活文化の一つの表れは、背板の製造が板からスピンドルに転換したことである。これによって椅子全体の軽量化が可能になり、素材の節約、さらには独自のろくろ技術の発達をみたのである。椅子クラフツ生産が機械生産に移るにしたがって、椅子生産が大量生産体制へ移行することになり、このような椅子クラフツに近代社会の庶民の手が届くようになった。庶民の生活文化の一端となったのである。椅子クラフツ文化の民主化が産業革命とともに起こったという、象徴的な出来事の一つであったといえる。

彼らの仕事の特徴は次の四つ、つまり素材・道具・技能、そして職人の世界にある。

第一にボジャーの仕事には、自然を相手にするという特徴があった。椅子の素材となる木には木目があり、扱うときにそこから裂けてしまう面と裂けにくい面とがある。製品の木取りをするときや楔を打ち込むときには、木の持つこの扱いにくさ、不備さを克服する必要がある。ボジャーは自然林から木目がまっすぐに通ったブナの老木を切ることで、素材を調達すると同時に森林の間伐を行い、自然への配慮を行っていた。彼らの仕事には手仕事特有の困難さがあるが、それを乗り越えた技能を持つことで、専門の仕事たり得たといえる。

第二に、斧、削り馬、鋸、鑿などの最小限の道具を使って、木という素材に真摯に向き合う姿勢がボジャーの仕事の特徴だ。切り倒した木のすぐそばで、加工も行ってしまうのがボジャーのクラフトだった。したがって彼らが使うのは、現場で使える最小限の道具に限られている。この

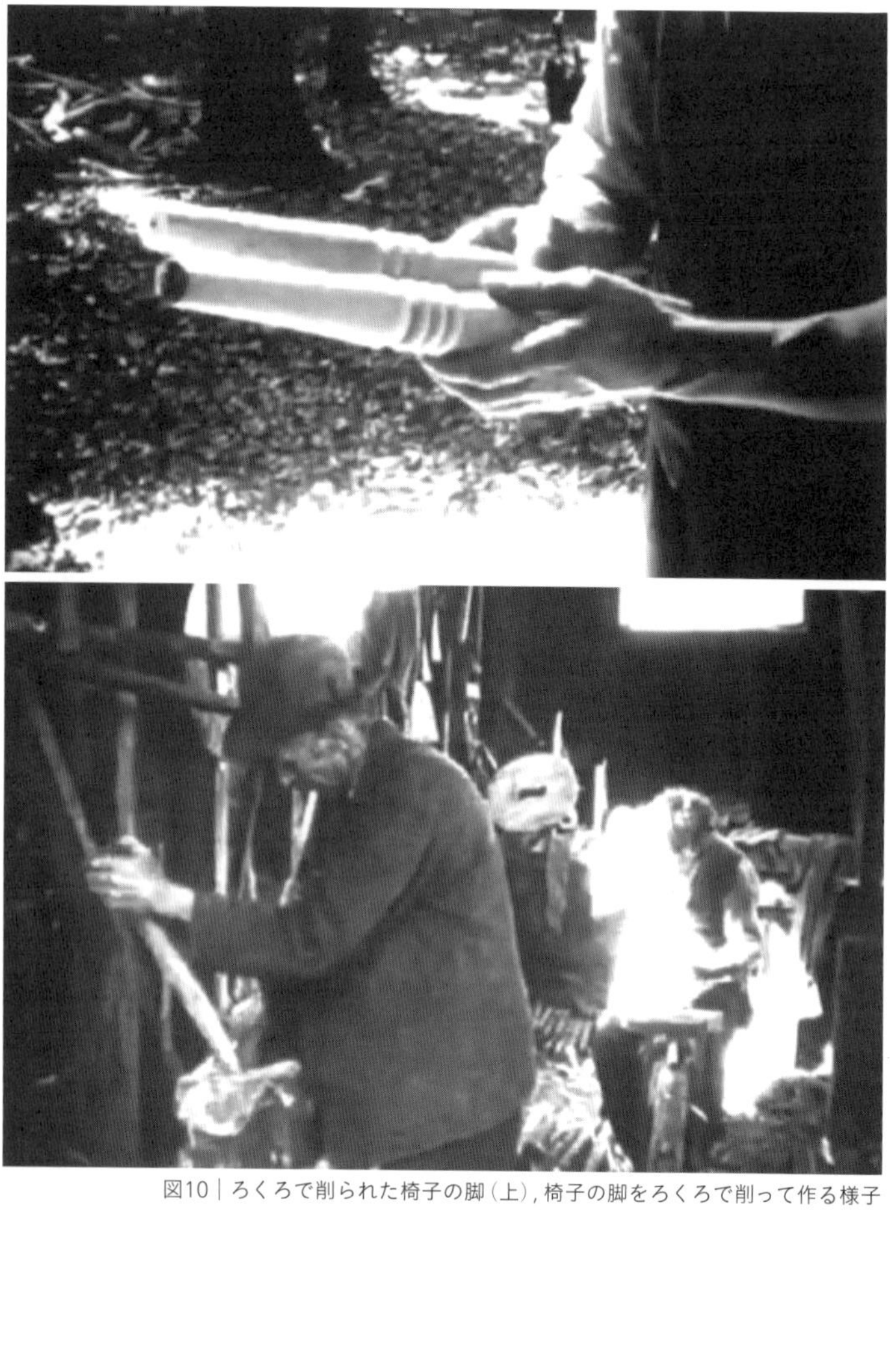

図10｜ろくろで削られた椅子の脚（上），椅子の脚をろくろで削って作る様子

道具によって、切断した丸太に楔を打ち込むだけで割り木をたくさん作ることができる。割り木は削り馬に止められ、ドロー・ナイフで脚や貫の形に整えられ、最後に棹ろくろで回転させられ、刃で丸く削られていく。棹ろくろは、ボジャーの道具の典型例だ。このようなパターンとなった作業で、次々に脚や貫などの細長いスピンドル作品が作られていく(シーモア『手仕事』三四ページ)。

第三にボジャーの仕事では、技能を獲得することが重要である。それゆえ、ボジャーという一つのクラフツ職種を獲得するために腕を磨くことは決して容易なことではなく、いわゆる徒弟制度に従うことも必要とされる。多くの若者たちがその職種に特有で、厳格なルールを守り、ある一定期間、職場のボス(親方)に就いて一生懸命にそのモデルを真似して働くことが必須なのである。これが四つめの特徴である。もちろん、親方に就くといっても、対面式に手取り足取りするわけではなく、いわば「技を盗む」あるいは「体で覚える」のがこうした徒弟制の特色である。

以上、ボジャーの仕事を通してクラフツ生産の特徴をみてきたが、ここに現れているように、クラフツ生産は規模の経済を発揮して大量生産を行う方法をとるよりも、手づくりによる小規模生産を行うところに特徴がある。現代社会の中でも、ある固有の土地に特化した手づくり生産の持つ柔軟で多様な生産方式には、有効な産業特性を見出すことが可能である。

3. なぜクラフツ生産文化は生き残っているのか

クラフツ文化のパターン

ボジャーの性格は職種からみてかなり特殊かもしれないので、もう少し一般的なクラフツ文化のパターンをみてみたい。クラフツ文化はどのように過去に存在し、現代社会で存在しているのだろうか。まず過去の例として、中世のクラフツマンについての記述が参考になるだろう。J・ハーヴェイ『中世の職人』は、クラフトマンシップ（職人の技能）は、社会の基礎であるとしている。[12] 中世に限らず、昨今のAI技術に至るまで、技術革新の過程ですべての技術が自動的に発展したのではなく、その工程に属した特定（スペシフィック）なものが多くあり、職場のボスから、あるいはボスと一緒になって経験的に学ぶものである。そして、人間の活動は技能（スキル）、つまり頭脳と手先の協力作業に依存することが共通すると指摘して、ハーヴェイは職人の特質を次の三つにみている。

一つには手工業の技能を持つという性格である。ハーヴェイは「Craft」の語源に「力（strength）」の意味が含まれていたことを示して、技術の内にある力が、職人の存在意義となっていたことを指摘している（二二ページ）。中世の職人は技術を持っていなければならないということが第一条件であった。

二つには、秘伝保持のために職人たちはテキストを残さなかったので、徒弟制によって実践的でチュートリアルな方法がとられる傾向があった。

三つには、中世の職人はギルドあるいはカンパニーなどの閉鎖的な職業集団の中で働く特性を持っていた（七三ページ）。たとえば、ロンドンのギルドには、Worshipful Company of Mercers（絹物商）・Grocers（食料雑貨商）・Drapers（毛織物商）・Fishmongers（魚商）・Goldsmiths（金細工師）・Skinners（毛皮商、毛皮屋）・Merchant Taylors（仕立屋）などのいわゆるリヴァリ・カンパニーが成立していた。これらのカンパニーは必ずしも同業者のみのギルドではなかったことが知られているが、なぜこのような閉鎖的な職業集団が成立したのかといえば、職業訓練や労働条件、さらには賃金などの規制を行って、職業資格を制限する意味を持っていたからだった。

このように、クラフツ文化には一定のパターンが現在に至るまで存在する。ここで問題となるのは、なぜ大量生産時代をくぐり抜けて現代にまで、クラフツ文化が継続して生き残ってきているのかということである。なぜクラフツによる生産が持続してきているのだろうか。これは本書のテーマの一つである。

「柔軟な専門化」

これらの中世の職人経済と、現代の職人経済とどこが異なるのだろうか。この点で参考になるのは、現代におけるクラフツ生産論者のM・ピオリとC・セーブル著『第二の産業分水嶺』である[13]。彼らは、中世からのクラフツ生産を駆逐してしまったのは大量生産方式だが、それにもかかわらずこの大量生産方式に取って代わるのはじつは現代に生き残っているクラフツ生産方式であると考えており、きわめて独創的な議論を展開したことで有名である。彼らは「クラフト的生産は大量生産体制にとって替わる技術発展のモデルでありうる」と主張している（三七ページ）。具体例としてリヨンの絹、ゾーリンゲンやシェフィールドの大工道具・カトラリー・特殊鋼、アルザスのキリコ、フィラデルフィアの綿製品などでは、小企業が彼らのいうところの「柔軟な専門化」を維持して、大企業に伍して技術的ダイナミズムを展開したことを挙げている。

現代のクラフツ生産に存在する「柔軟な専門化」とは何だろうか。先に挙げた地域では、次のようなクラフツ生産の特徴を持っていたと彼らは主張する。

第一に、まず何よりもクラフツ生産が「柔軟性」を持っていたことである。生産に際して、一つの製品の生産からもう一つの同類の製品の生産への切り替えを、円滑にかつ費用を少なく行っている（三九ページ）。第二に「多様性」を維持した。需要の変化に対応して、多岐にわたる製品開発を行い、変化する嗜好に直ちに対応したり、さらに積極的に、顧客の嗜好すらも変化させるような製品開発を行ったりした。第三にこのような柔軟性を実現する産業共同体を持ち、そこでは「革新性」が地域共同体の中で追求されたという現実がある。

あらためてまとめると、クラフツ生産の二つの文化的特徴が浮かび上がってくる。一つは、前半で指摘した「記名性と無名性」であり、もう一つは後半でみた「手仕事と機械生産」である。[14]近代社会における生産文化の特徴は、商品の無名性と機械生産による大規模化にあり、これらは「大量生産方式」を生み出すに至っている。もちろんこのとき、製品は大量生産されるという特徴を持っているのだが、しばしば指摘されるように大量生産品を製造する機械を作り出すにはクラフト的技術が必要である。純粋に機械生産重視というわけにはいかない面も持っていることには注意が必要である。

他方、芸術生産と比較するなら、芸術生産は芸術家の一品物を作り出すのに秀でており、作品の持つ記名性と手仕事に依存している。ここでも、現代の美術作品がすべて一品ものであるわけでなく、ポップアートにみられるように無名性を表現の中核に置く美術作品も当然にありうるので、画一的な説明が誤解を招かないよう注意が必要である。こうした比較から明らかなように、クラフツ生産の特徴は大量生産と一品生産の中間、つまり記名性と無記名性の中間、そして手仕事と機械生産の中間にあるといえる（図11）。

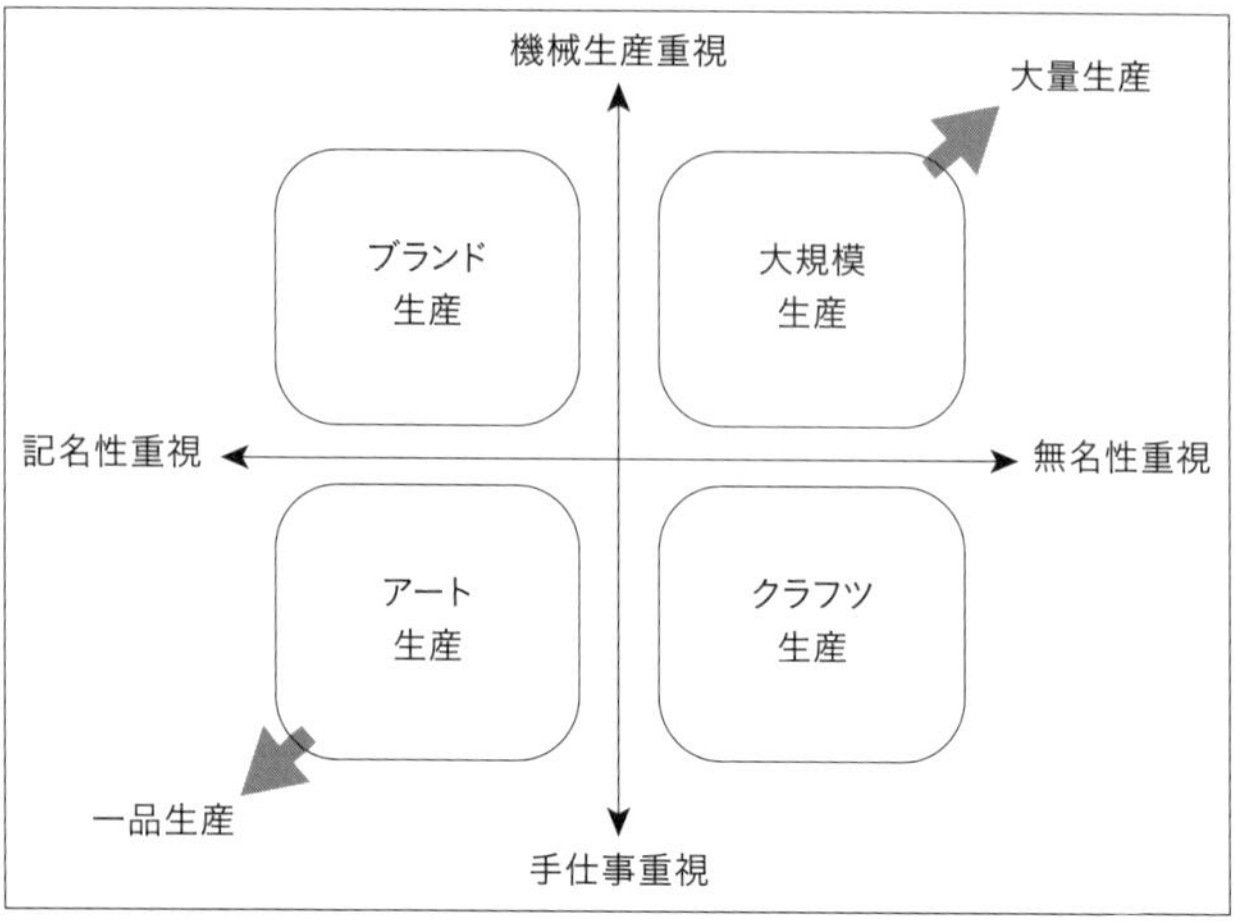

図11｜椅子をめぐる4つの生産方法、著者作成

柳宗悦の「工藝性」と九つの特性

近代以降、椅子クラフツはどのように生産され、また使用されてきたのだろうか。近代社会では機械生産が中心を占め、手づくりを残しているクラフツ生産は周辺的な製造業と見なされてきた。現在、実際にクラフツ生産の生産量は極めて少ないし、クラフツ生産は技術革新の波にはかなり乗り遅れ、そして労働集約的な工程が多く、生産性の低い部分がかなり残されてきたという事情も存在する。それにもかかわらず、現代においてもクラフツ生産の持つ文化には、生活文化の中で多くの学ぶべき点がある。

椅子クラフツ生産には、社会・経済的な理由に加えて、社会・生活文化的な理由が存在するのではないか、とりわけ「生活性」というクラフツ特性があるからだと柳宗悦は指摘している[15]。

彼は工業生産文化が優勢な時代にあって、クラフツ生産が示す生産特性の位置付けを行っている。それによれば、第一にそうした活動が生み出すのは富貴な人びとが用いる特殊なものでなく、民衆が用いる一般の生活に備えるクラフツ（工藝）である。つまり、生活工藝という特徴を示している。第二に、個人的に生み出される作品ではなく、民衆が手工で生み出すクラフツである。第三に、貴族的な工藝が数が少なく飾り物に終わるのに対して、実際の民衆的需要に答えるクラフツである。つまり、「民藝」ということであると指摘している。

その上で、工藝的（クラフト的）とは何か、という問題提起を行っているのが、日本の民藝運動を主宰した柳の著書『工藝文化』である。この内容を検討すれば、椅子クラフツの特徴にも有益な示唆が得られるのではなかろうか。ここでは先述の「記名性と無名性」「手仕事と機械生産」の二つのクラフツ文化の基軸にしたがってみていくことにする。

柳宗悦は、「工藝的」とは、有名となった言葉「用の美」にある、としている。生活で使用される中で発揮される「美」が存在すると考えられているのが民藝的クラフツ生産の特徴である。彼は「工藝的」という性質には九つの特性があると考えている。実用性、反復性、低廉性、公有性、法式性、模様性、非個人性、間接性、不自由性である。

柳宗悦は、とくに芸術生産とクラフツ生産との違いに注目している。ここではクラフツ文化に関係する要因について簡単にみておきたい。第一に実用性とは、工藝には生活の用途がありそこ

図12｜ウィンザーチェアの製作、1930年頃

図13｜最盛期の頃のハイウィッカムの椅子産業

から美が発生するという性質のことである。ここでは、芸術とクラフツの相違が強調されているのだが、芸術が用途とは無関係に成立するのに対して、クラフツはそれと正反対の現実に役立つ特性を持つと考えることができる、とする。第二に反復性とは、いわば多数性のことであり、同じ作品・製品を繰り返し創作できる性質を指している。この性質も、芸術の持つ一品性と対立する。第三に低廉性とは、価格の安さを示している。多量に製造することによって、生産費を下げる特性を持っているのがクラフツの性質である。この点でも、芸術作品の高価値性とは異なっている。第四に公有性とは、私有ではなく、公に開かれていることを示す。第五に法式性とは、型を持って秩序、ルールにしたがって美を求めることである。第六に模様性とは、一品ずつの作品ではなく、様式化された作物であるという性質である。第七に非個人性とは、独創に偏るのではなく、無名の工人が作る性質である。第八に間接性とは、個人技に直接頼るのではなく、自然に現れてくる性質が重要だということである。そして、第九に不自由性とは、素材の持つ不自由さがクラフツ文化にはあり、そのことがかえって、自然に支配される仕事となって美しさが増す、という性質のことと考えられている。

以上の、柳のいう工藝的特性の中でも、次の四つの特性、実用性、反復性、低廉性、不自由性が重要である。具体例を挙げながら、もう一度みておきたい。

第一に実用性とは、工藝には生活の用途がありそこから美が発生するという性質のことであり、

図14｜河井寛次郎記念館に遺された
スペインの椅子（通称ゴッホの椅子）

図15｜「ファン・ゴッホの椅子」（左, 1888）と「アルルの寝室」（下, 1889）

これには芸術とクラフツの相違が反映されている、と柳は考えている。芸術が用途とは無関係に成立する性質があるのに対して、クラフツはそれと正反対の、用途が明確であるという特性を持つ。たとえば、英国のハイウィッカムで作られたウィンザーチェアは、実用性という特性を多く持っていた（図12）。具体的にいえば、（一）英国の産業革命によって工場が建てられ、その工場で使われるための一般庶民用の椅子として流行した。（二）労働椅子であるスツールに背板をつけたものがウィンザーチェアであり、生活に密着して使われた。（三）貴族椅子のような過剰な飾りはほとんどなく、簡素なデザインで大量に作られた。

第二に反復性についていえば、この性質も、芸術の持つ一品性と対立する。図13の写真は、この多量性を表したものだ。おびただしい椅子がハイウィッカムからロンドンへ荷馬車で運ばれる様子を撮ったものである。鉄道が通った十九世紀後半にも、さらに二十世紀の前半まで、荷馬車が使われていた。最盛期の十九世紀後半には、ハイウィッカムには約百五十のメーカーが存在し、一日四千七百脚が生産されていた、と『ウィンザーチェア大全』（島崎信・山永耕平・西川栄明著）で指摘されている[16]。

第三に価格の安さを示す低廉性だが、多量に製造することによって、生産費を下げる特性を持っているのがクラフツの性質である。この点でも、芸術作品の高価値性と異なる。たとえば、低廉な椅子の代表選手としてよく取り上げられるのは、木工家黒田辰秋たちによって「ゴッホの椅子」と呼ばれた、スペインの椅子である[17]（図14）。生木が使われていて、一時間くらいで組み立てから仕上げまで行われてしまうもので、価格もかなり低廉であることが知られている。なぜ「ゴッホの椅子」と呼ばれているのかといえば、ゴッホがゴーギャンと共同生活を送ったアルル時代に描かれた「アルルの寝室」ともう一つの作品「ファン・ゴッホの椅子」に、このスペイン椅子が描かれたからである（図15）。

「用」と「美」

なぜこの九つのクラフツ文化の特性を性急にあげつらったのかといえば、これらについて、柳は「用の美」といいつつも、じつは後半の「美」について重点的に述べており、「用」の方に関してはそれほど言及していないからである。現代のクラフツ文化にとっては、この違いは決定的である。実用性に富み、反復性を特徴とすれば、産業社会全盛の現代では、大規模生産と真っ向からぶつかることになる。実用性が重要であるとしつつ用の美をいうことは良いのだが、だからといって、たとえば、低廉性が必ずしもすべての製作者と使用者によって正当化されるわけではない。大量生産を行えば、結局のところ価格は下がらざるを得ない。そうなればクラフツ生産が持続できない可能性が出てくることもありうる。また、「美」だけの追求でクラフツ生産のすべてが正当化され、持続する生産となるわけではないことも考えなければならないだろう。

ここで注目しなければならないのは、**図11**の右半分における、「大規模生産」と「クラフツ生産」とはどこが異なり、それぞれの特徴はどこに見出せるのかという点である。柳は「低廉性」が美的意識として良いことだとしている。確かに民衆への膾炙には低廉性は有益であるのだが、それでは費用を捻出できずに、生産者にとっては生活が成り立たなくなるのではないかという疑問がついて回ることになる。これらの「用」に関する議論が、時代の制約もあり、また芸術論として行われたという限界もあり、生活文化としてのクラフツ生産の評価としてはバランスを欠いたものになっている。

ともあれ、これらの九つのクラフト文化の特性は、いずれも芸術的な美に対する反論となっていて、生活クラフツの持つ美がいかに芸術的美と異なるのかを述べている。この点では、柳宗悦の当時の議論は妥当であり、工藝の性質を新たに設定する道を開いたといって良いと思われる。先ほどの図でいえば、主として下半分の議論が唱えられているといえる。従来からの芸術的美だけが美ではなく、生活の中での美が重要であるという、民藝運動の主張には耳を傾けるべき点が多々あるが、だからと言って**図11**で左右の問題として現れる、付加価値を高くして生産性を高めるか、生産規模を高めて生産性を高めるのか、という対立的な生産性の議論をおろそかにして良いはずはなかろう。

柳は、「用」とは生活性ということであると指摘している。つまり、生活で用いられる日用品に現れる美であると主張している。具体的には「生活を豊かにするもの、温めるもの、潤すもの、健やかにするもの」といい換えている。生活を豊かにし温め潤し健やかにするものは、美の問題だけに限らず、もっと幅広く奥深い生活全般の活動を指している。すなわち、本来の生活の「用」の議論にも目を配る必要があるということである。椅子に関していうならば、作りそして使うことによって、生活を豊かにし温め潤し健やかにする道具であることを追究することである。クラフツ文化が示している問題は、単に美の問題であったり、生産性や採算性などの経済的な価値の問題だけであったりするのではなく、生活全般に関わる「用」の問題も含む全体的な問題なのである。**図11**でいえば、記名性を求めて付加価値を高めるようなブランド生産でもなく、無名性を過度に求めるような大量生産でもないような生産のあり方が模索される必要があるのだ。椅子の成り立ちは近代の経済社会と密接な関係にあり、双方が呼応関係にある。本書では、椅子にみられる「近代」と、社会にみられる「近代」とが相互に関係して現れるクラフツ文化のあり方に注目してゆきたい。

4. クラフツ文化の「不自由性」

じつは、柳のクラフツ文化論には、一つだけ不思議な特性を指摘している部分がある。これをどのように評価するのかが、ここでの議論全体に関わってくるといってもいい過ぎではないほど、じつは重要な指摘なのだ。

それはクラフツ文化の特性の最後の九番目「不自由性」という特徴である。柳はクラフツというものが芸術と比べると、不自由なものだという認識があると指摘する。それは「用途に拘束され、材料に束縛され、工程に制約されるから」であり、美は自由でなければならないという芸術的な基準からすると、クラフツは芸術より劣ると一般にみられている、という。けれども最終的には、柳は、クラフツではじつはこの不自由さという特質こそがかえって利点として働く、という美の転換を説くことになる。

絣の例が有名である（図16）。ここで簡略ではあるが絣の工程をみていく。絣の手法では、模様になるところだけ糸で括り、それを藍甕につけて染めて、糸をほぐし、そして機織りするのだが、織るときに白く現れる模様に「ずれ」が生ずる。この「ずれ」は仕事の不自由さからきており、不完全な部分を残し、本来ならばいわば「失敗」ともいわれるべき箇所となる。模様が不揃いになるのは、単純にいうならば「しくじり」であると柳はいっている。ところが、この「ずれ」が味わいになるというのだ。これからの講義では、このような「しくじり」や「ずれ」が手仕事的クラフツ文化の中に頻繁に現れることをここで予告しておきたい。むしろ、「しくじり」や「ずれ」こそ、椅子クラフツ文化の本質的な出来事となるのかもしれない。

図16｜紺絣の例

図17｜スツールとミルキングチェア（ともに指田哲生），ほぞと楔の処理

椅子クラフツにおける「不自由性」

椅子の例で、クラフツの「不自由性」をみておきたい。

写真のスツールは、一枚の座面と、そこに枘《ほぞ》組で脚が取り付けられている（図17）。先に指摘したように木目には裂けてしまう面と裂けにくい面とがある。木の持つこの扱いにくさ、不備さを克服する必要がある。問題は、木には木目の美しさがあり、このほぞへの楔がこの木目の美しい模様を断ち切ってしまう恐れがあるということだ。

そこで、ふつうは写真下左側のように、なるべくほぞや楔が目立たないように処理することになる。ところが、右側の椅子では、わざと目立つように楔が黒い材で作られている。

つまり、目立たない楔で木目を活かそうという考えからすれば、この楔は「しくじり」であり、「ずれ」であり、不自由さを感じてしまうところなのだ。ところが、このほぞと楔を目立たせることで、椅子の座面が、にわかに人間の顔のようにみえて来ないだろうか。ほぞの丸穴と、黒い楔は、「しくじり」であったものが、かえって効果的なデザインとなっていることがわかる。椅子クラフツ生産の持つ、手仕事の存続する不思議さは、このような特性が現れるところにあるといえるだろう。

この章では、なぜ椅子クラフツ生産を取り上げるのかを考えてきた。それは、次に挙げる理由によって、椅子製造業のみならず、日本の産業構造全体が転換期を迎え、今後進むべき方向性を模索している現在、椅子クラフツ生産のあり方を一つの典型例として考えることができるからである。

第一に、椅子クラフツ生産が機械生産全盛の中にあっても、手づくりという点で見直されてきているという現実があることである。椅子クラフツ生産には「手づくり生産と機械生産の葛藤」がある。ここから、現代のクラフツ生産の問題として、職人としての技能を高め、付加価値を高めるような手づくりのブランド生産への道を辿るのか、それとも機械を導入して大量生産方式による生産への道を取るのか、という問題が提起されているのをみてきた。

第二に、クラフツ生産に「記名性と無名性」という問題があることが、椅子クラフツ生産を取り上げる理由であった。古代エジプトの時代から、王侯貴族の椅子には製作者の名前が残るが、労働者の椅子には製作者の名前は残らないという問題がある。衣服の生産がそうであるように、椅子の製作と使用には階層性が付着している。クラフツ生産に芸術生産とは異なる無名性が求められている一方で、現代経済社会では完全に記名性を消してしまうこともないような、ブランドをめぐる流通・販売事情が存在するのも確かである。

第三に、クラフツ生産にはクラフツ生産特有の文化のあり方の存在することである。工藝文化の特質である「不自由性」などを、いかに現代のクラフツ文化に見出せるようにするかが、椅子クラフツ文化が現代の経済社会においても生き残っていく条件となっていることをみてきた。

第二章　椅子クラフツ生産はいかに行われているか

現代におけるクラフツ生産とは何か

椅子クラフツ生産にはどのような特徴があり、現代においてどのような課題が存在するのだろうか。現代のクラフツ経済を眺めると、陶磁器、木製品、手芸品、装飾品などの工芸品生産や日用品のハンドメイド生産が、今日においても残ってきているという事実がある。そうしたクラフツ生産の代表例として、椅子生産を含む現代の木製家具製造業を取り上げ、どのような変化が生じているのかについてみていくことにする。とくに、クラフツ経済の現代的課題と考えられる、「なぜ小規模生産のシェアが増大しているのか」という点について注目したい。

クラフツ経済は、機械生産が発達する前の工業化以前には、職人による手仕事を行う生産の中心にあった。そうした手仕事としてのクラフツ生産過程では、前述の陶磁器、木製品、手芸品、貴金属製品、装飾品などの日用品・工芸品が製造されていた。その特徴は工業化以前の手工業段階の製造業という点にあり、それゆえ職人を中心とする少量生産であったクラフツ生産は、大量

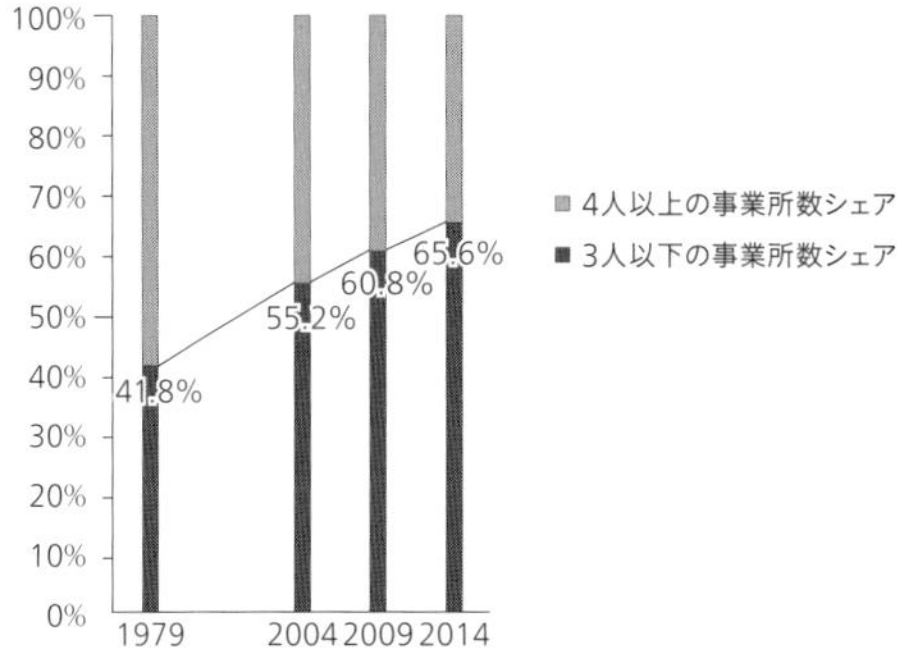

図1｜木製家具製造業の3人以下の事業所数のシェア増大推移,
出典：2014年工業統計表（経済産業省）

生産の工業製品との間に生産性格差が生じると、次第に衰退してきた。ところが近年、工業化以後の近代社会においても、ヨーロッパ社会を中心として、また日本でもクラフツ経済がみられるようになってきている[1]。

現代社会において、非効率的な生産であると考えられているクラフツ生産が、興隆とまではいえないとしても、かなり普及してきているのはなぜなのか。わたしたちの身近な経済生活の中でクラフツ経済の持つ意味について、ここでは考えてみたい。身近な経済としての「木製家具製造業」、とりわけ椅子生産を具体的にみていきたい。

1. 小規模生産シェアの増大

近年の木製家具生産の傾向をみると、生産構造の特徴を反映した変化を示している。生産構造の特徴を反映した変化とは、ひとことでいうならば、小規模生産シェア

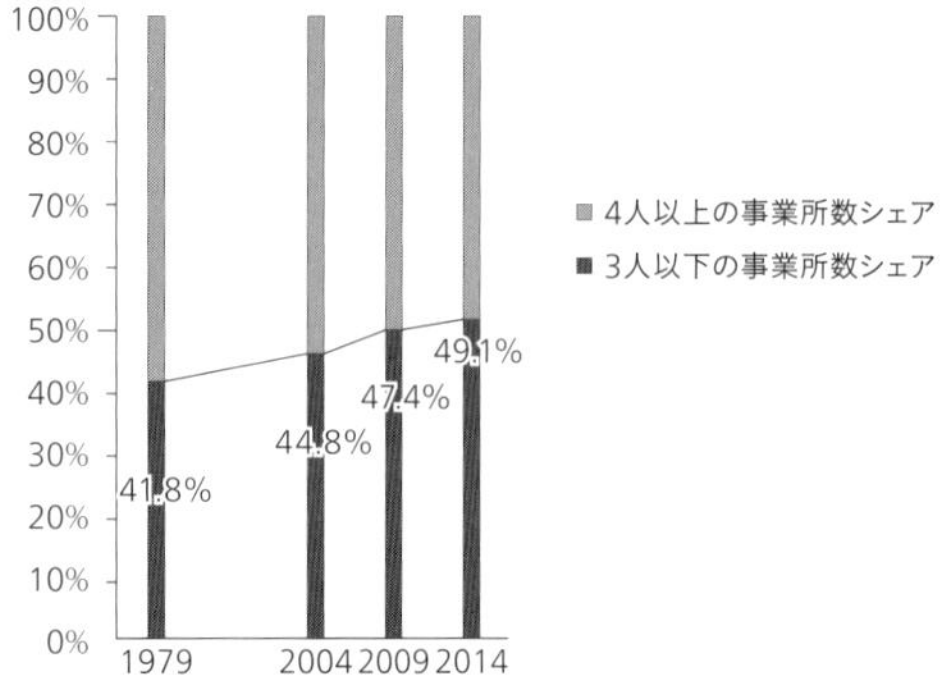

図2｜全製造業の3人以下の事業所数のシェア増大推移,
出典：2014年工業統計表（経済産業省）

の増大という現象である。木製家具製造業では、小規模事業所の数が相対的に増加しており、逆に中規模事業所の数が減少してきているという特徴がみられる（**図1**）。

もちろん、木製家具製造業の事業所数が全体的に減ってきているという事実は存在するのだが、他方において従業員数規模別の事業所数に特徴がみられる。

まず日本の製造業全体の傾向をみると、一九七九年から二〇〇九年の間に四分の三に減って来ていることがわかる。ところが、三人以下の小規模事業所のシェアは次第に大きくなってきている。他方、木製家具製造業でも、全般的に堅調な退潮的特徴がみられることは全製造業と同じ傾向を示している。一九七九年の段階では、全製造業の三人以下の事業所数は木製家具製造業とほぼ同じ四一・八%なのが、二〇〇九年には四七・四%へ微増している（**図2**）。それに対して**図1**のとおり、木製家具製造業では、三人以下の事業所数は四一・八%だったものが六

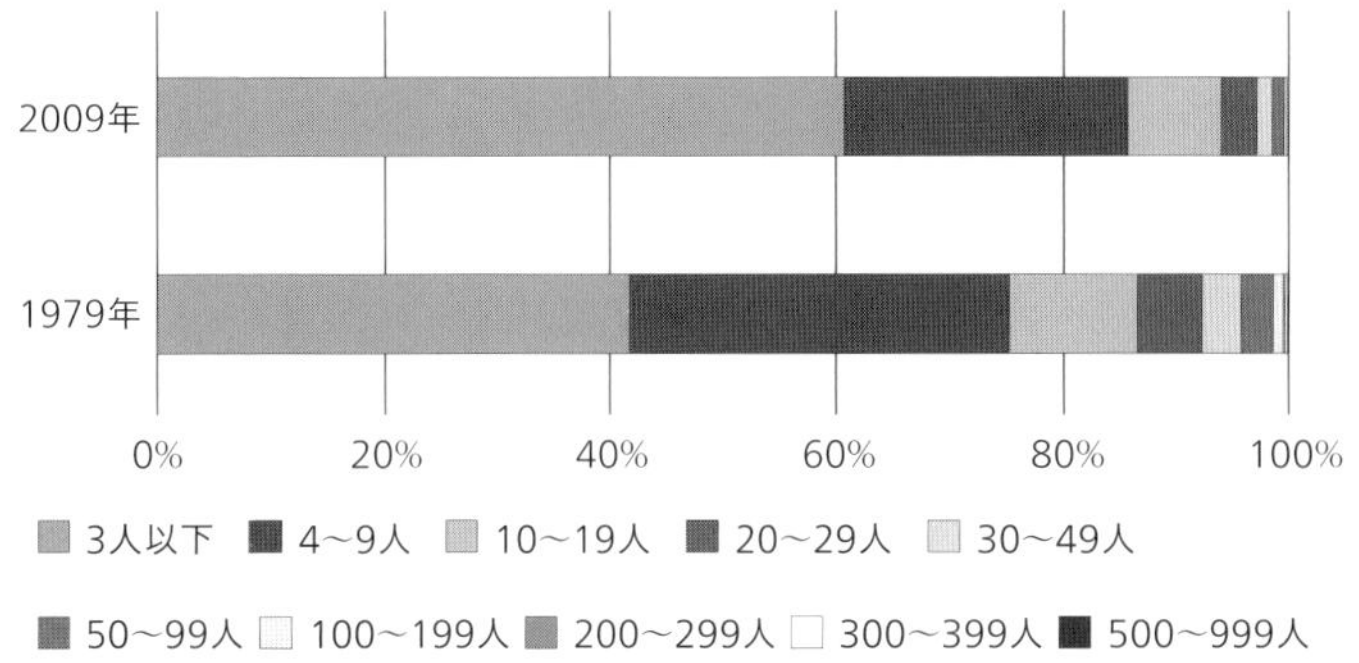

図3｜木製家具製造業に関する従業員規模別事業所構成比の変化
出典：2014年工業統計表（経済産業省）

〇・八％に増えている。明らかに木製家具製造業では、全製造業に比べて、小規模事業所の構成比がより高まり、大規模あるいは中規模の事業所の構成比が減っていることがわかる。同じことだが、逆に四人以上の規模の事業所のシェアは軒並みかなり低下していることになる（図3）。

木製家具製造業では、全体の事業所数の減少という現象と、さらに事業所規模が全製造業と比べてかなり低下してきているという現状がある。ここで注目すべき重要な点は、なぜ企業規模が小さな事業所の構成比が増大したのか、さらに中規模の事業所の構成比が低下してきているのかということである。

2．消費・生産の減少と小規模生産化

小規模生産シェアが増大していることについては、日本における木製家具の消費量・生産量共に減少しており、

このことが家具製造業の小規模生産化へ影響を与えていると考えられるが、この影響が規模別に異なることに注意が必要である。

小規模生産化の理由を考えるには少し迂回することになるが、まず家具生産の需給から眺めてみたい。家具生産については、需要側の立場と供給側の立場とがある。それぞれの統計に従って、一つは需要側の「家計調査年報」、もう一つは供給側の「工業統計表」や「生産動態調査」などをみながら考えていこう。

家具消費（需要側）の低下

まず、需要側の動きは、家計調査の「家庭用耐久財の消費支出」に現れている。家庭用の耐久消費財は、必ずしも必需的な商品ではないと考えられるために、所得に対して弾力的な購入パターンを示す商品であるとみなされている。つまり、全体を示す総消費支出に比べて、変化が激しく現れるという特徴がある。家庭用耐久財の消費支出は、一九九〇年代の初頭に最高値をとり、その後低下してきている。そして、二〇一〇年代に至って横ばいになっている（図4、5）。

耐久消費財は、かつて七〇年代の石油ショックのときに上下したことはあるが、ほぼ右肩上がりで一九六〇年代から一九九〇年代まで増え続けた。一九六〇年代から一九九〇年代にかけて、耐久消費財の消費支出がほぼ五倍になったことが知られている。けれども、一九九〇年から二〇

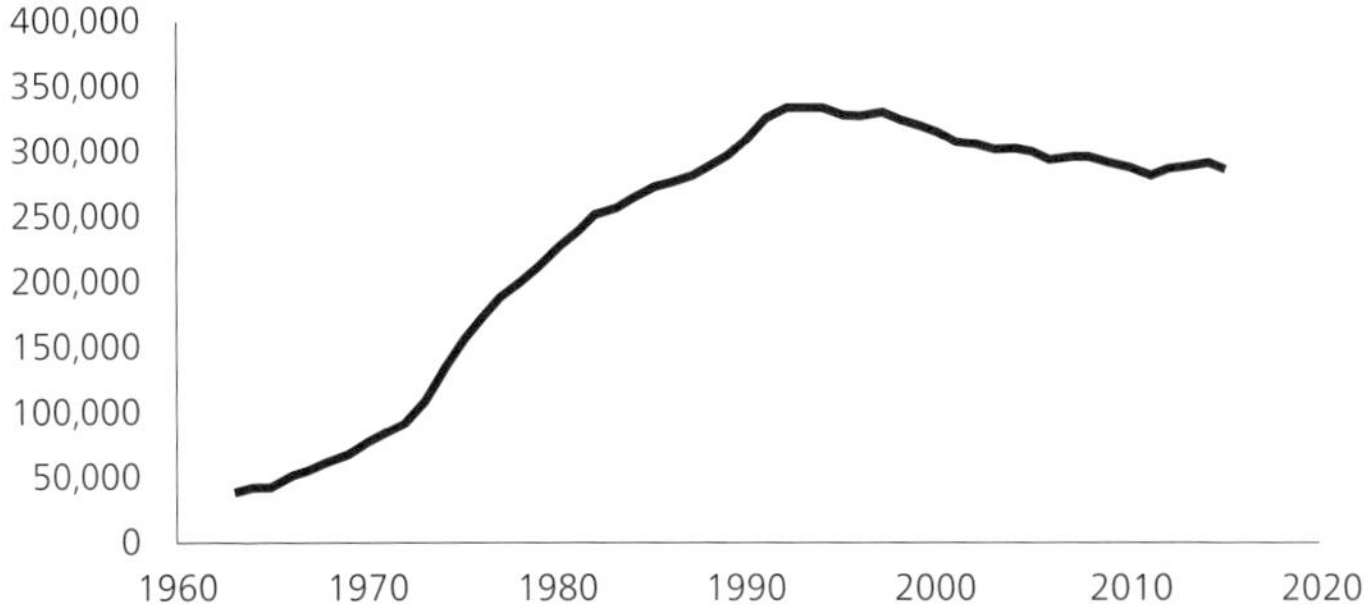

図4｜総消費支出（2人以上世帯1ヶ月平均（円））
出典：2015年家計調査年報（総務省統計局）

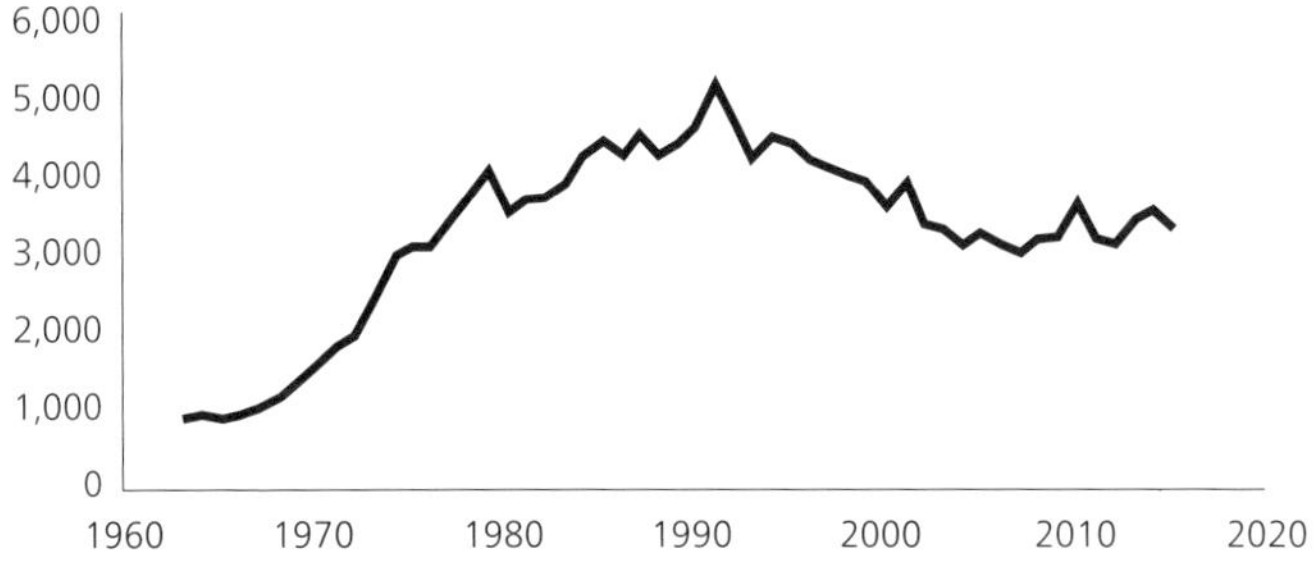

図5｜家具など家庭用耐久財の消費支出（2人以上世帯1ヶ月平均（円））
出典：2015年家計調査年報（総務省統計局）

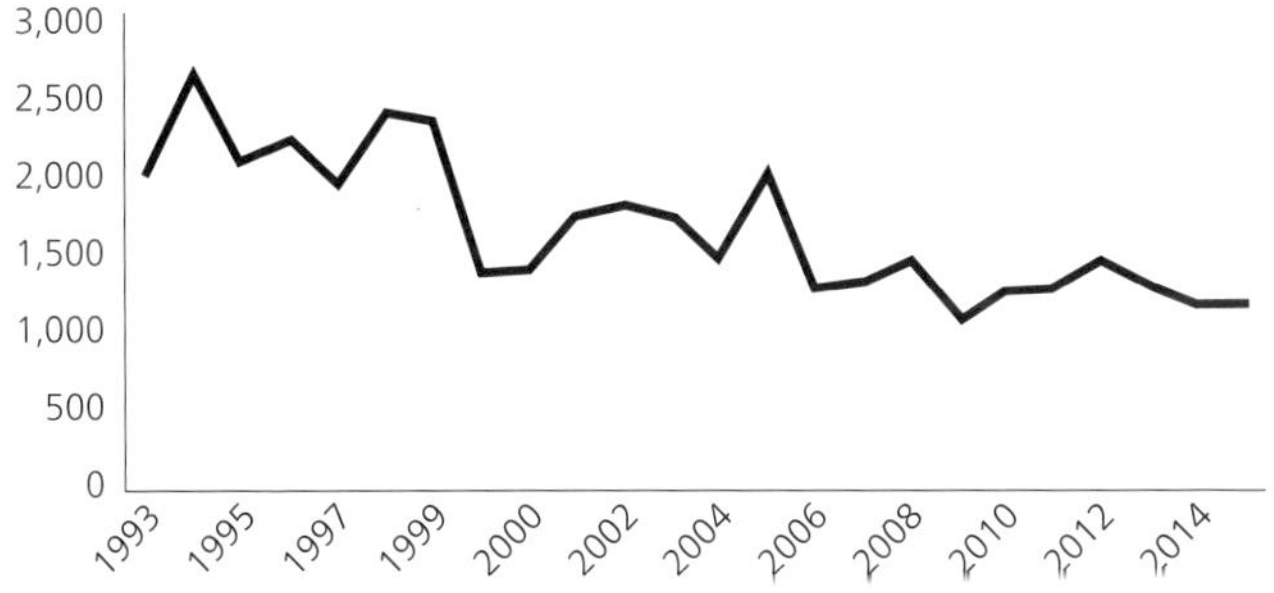

図6｜椅子とテーブルの消費支出（2人以上世帯1ヶ月平均（円））
出典：2015年家計消費年報（総務省統計局）

一五年にかけて、全消費支出は五分の三に落ちている。

やはり気になるのは、椅子そのものの需要動向である。耐久消費財の細目には、「椅子とテーブル」の消費支出についても載っている。この支出についても一世帯当たり約二千五百円台から約一千円台にまで低下してきている（図6）。このように、木製家具の消費支出は全般的に、一九九〇年代以降低下してきており、二〇一五年以降多少持ち直したものの低下傾向が続いていることになる。なぜ椅子需要がずっと減退してきているのだろうか。その答えには、短期的には景気の影響で実質所得が低下していることが挙げられるが、長期的には少子高齢化などによる構造的な需要減退が続いてきていると考えられる。

家具生産（供給側）の減少

他方、木製家具製造業の供給側をみると、こちらについても生産数量および生産額ともに低下していることがわかる（図7、8）。木製椅子の生産量内容について、生産動態調査を中心にしてみておきたい。応接セット、食卓椅子、その他の椅子、という三種類に分けて生産統計が取られている（図9）。この中で一番多く生産されるのは食卓椅子であるが、この食卓椅子は二〇〇〇年代初頭には百万脚ほど作られていたものが、現在では五十五万脚ほどに減ってきている。また、椅子の中で食卓椅子に次いで多いのが、応接椅子である。これらは六十万脚ほど作られていたが

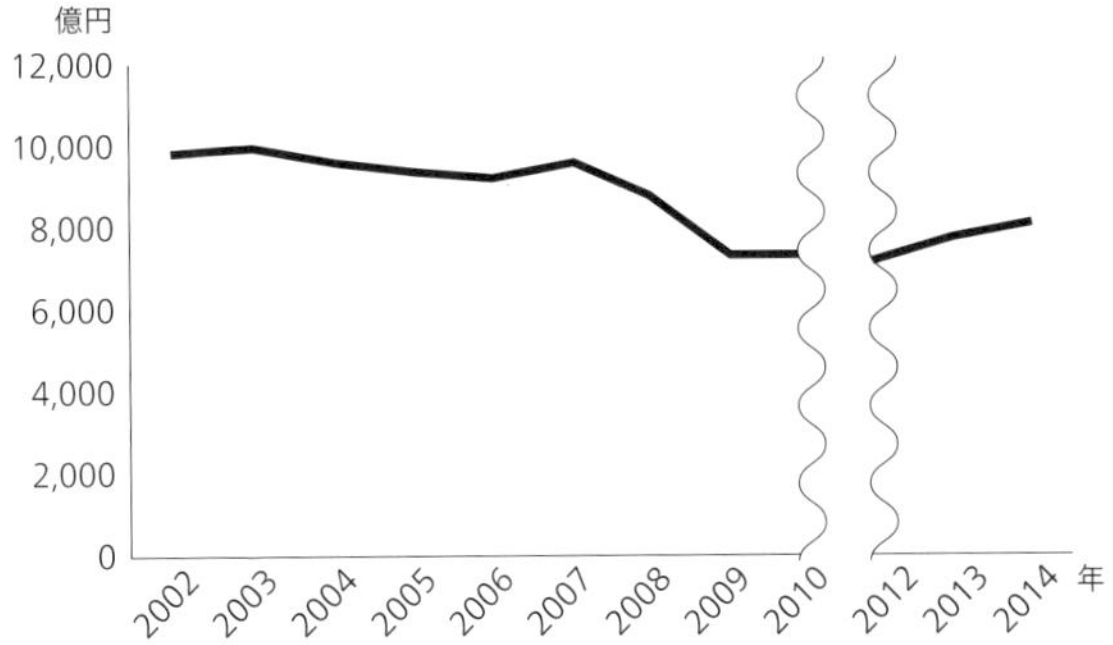

図7｜木製家具製造業の製造品出荷額, 出典：2014年工業統計表（経済産業省）

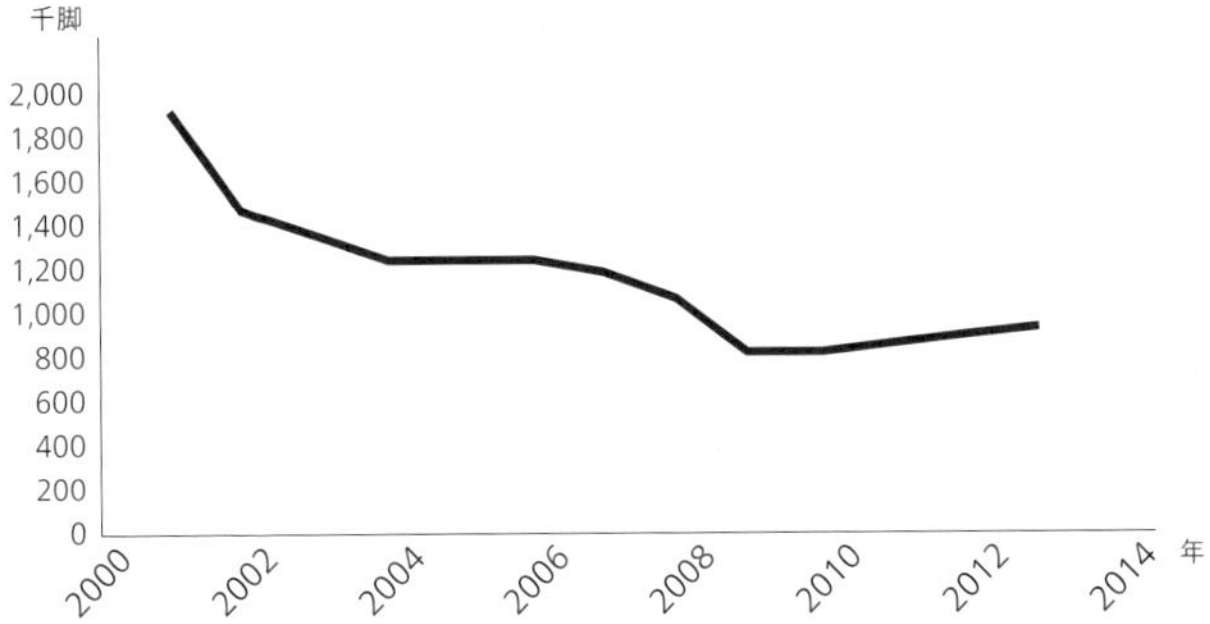

図8｜木製椅子の生産数量, 出典：2015年生産動態統計年報（経済産業省）

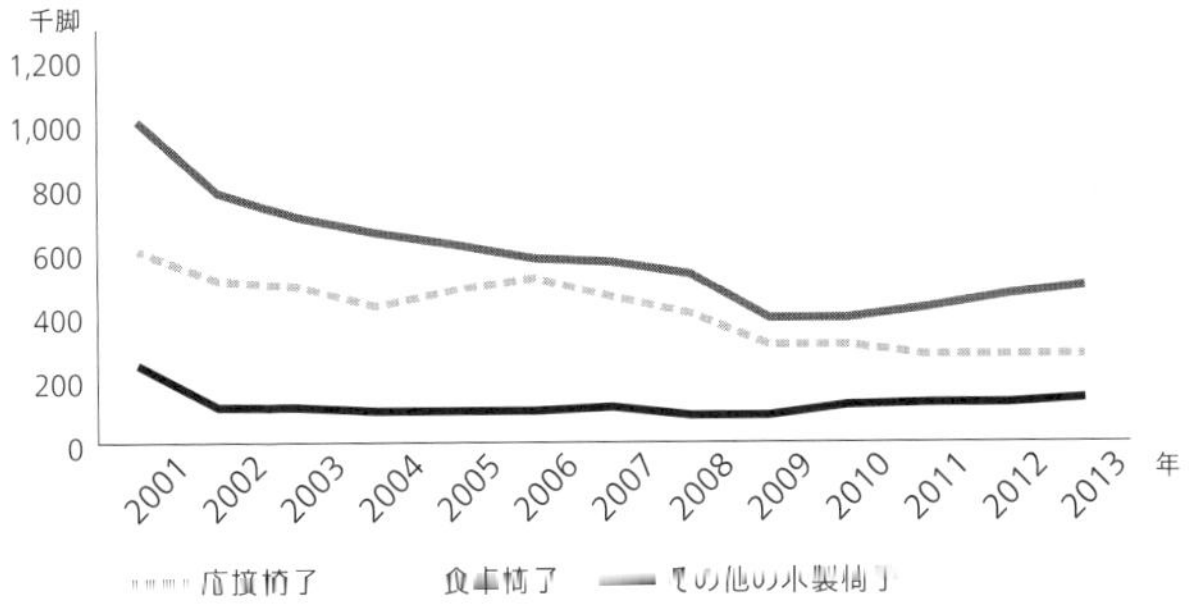

図9｜応接・食卓・その他の木製椅子の生産数量, 出典：2015年生産動態統計年報（経済産業省）

現在では三十万脚ほどになってきており、いずれの種類についても生産数量が減ってきていることがわかる。

これらの需要と供給のあり方からみて、いずれも木製椅子の生産量と消費量ともに半減していることがわかる。そこで、なぜ一九九〇年代以降これらの木製椅子の生産や消費が減ってきたのかという点が問題になる。

なぜ需要と供給は減少したのか

・景気の後退

なぜ近年木製家具製造業では、需要と供給が減ってきたのだろうか。大きな理由は、漸進的な景気の後退である。一九九〇年代までは勤労者世帯の収入は一方的に上がり続けてきた。ところが一九九〇年代中頃から二〇〇〇年代にかけて勤労者世帯の実収入は減少した。現在では横ばいになっているけれども、実質的にピークを過ぎているという点は否めない。同様に、総消費支出も同じく一九六〇年代から一九九〇年代までほぼ七倍になったにもかかわらず、それ以降、傾向としては下降線をたどっている（**図4**）。

・事業所数と従業員数の減少

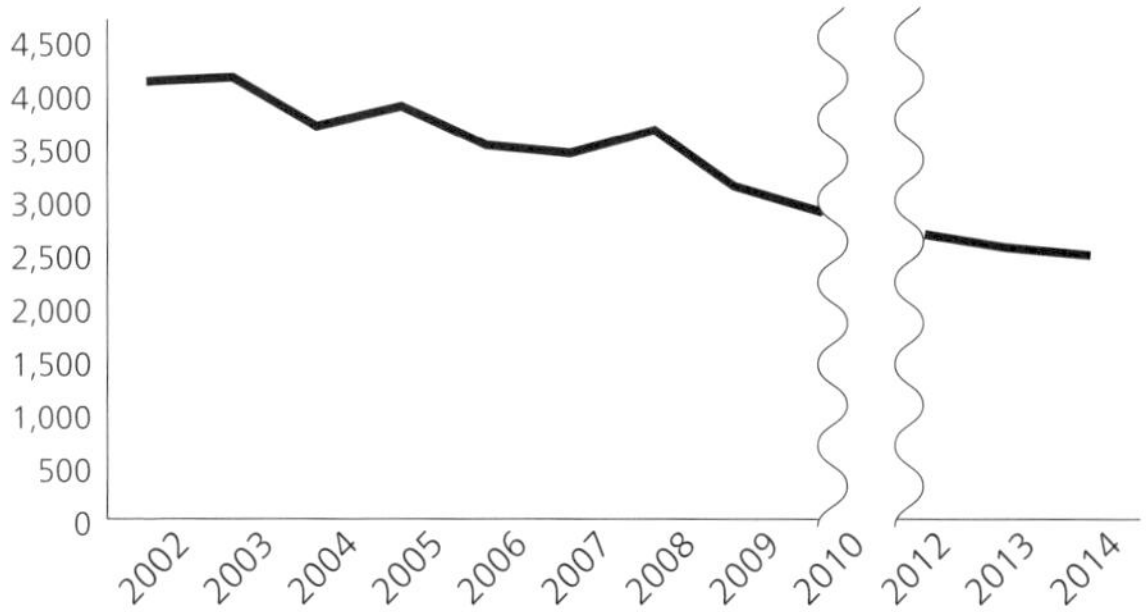

図10｜木製家具製造業の事業所数（単位：箇所）
出典：2014年工業統計表（経済産業省）

木製家具製造業の生産低下についての第二の特徴として、二〇〇〇年代から今日に至るまで、事業所数と従業員数が減少していることがある。木製家具製造業の事業所は、二〇〇二年には全国で四千箇所以上あった。ところが、現在では約二千五百箇所に減少してきている（**図10**）。

また、木製家具製造業の変化は、従業員数にも現れている。事業所数ほどではないにしても、従業員数も減少傾向である。二〇〇二年には六万人を超えていた従業員数が現在では五万人を下回っている（**図11**）。

従業員数規模に関しては、小規模事業所の構成比が増大してきていることは、一九七九年と二〇〇九年を比較した統計表にも現れてきている。事業所の従業員規模別にみた従業員数の変化にその特徴がみられる（**表1**）。それぞれの規模別にみて、従業員数はほぼ三分の一に減って来ている。全般的に低下していることは否めない中でも、とりわけ減少が激しいのが、中規模から大規模の企業であることがわかる。

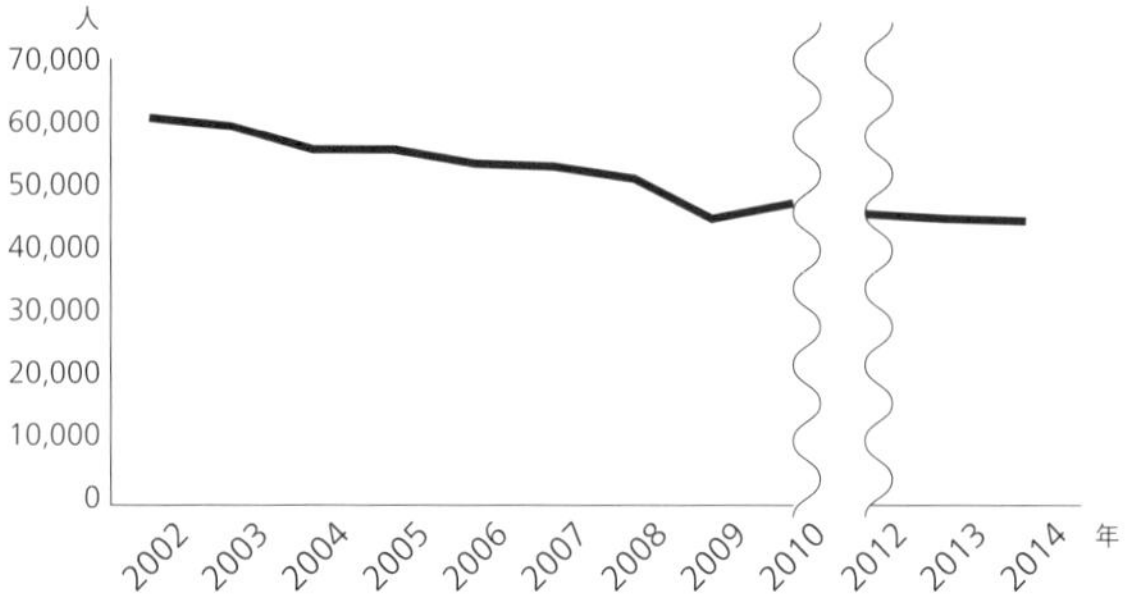

図11｜木製家具製造業の従業者数（単位：人），出典：2014年工業統計表（経済産業省）

このことから、木製家具製造業の事業所数と従業員数が減っているということは、単に需給で決まる数量の問題ではなく、むしろ木製家具生産に内在する、小規模生産化という構造的な問題が作用しているとみることができる。供給側の生産額が減少していることと、さらに需要側の消費支出が減少していることが軌を一にしており、このことが中長期的に反映された結果、木製家具製造業全体が縮小している。

中規模生産の縮小

小規模生産シェア（構成比）が増大している理由としては、木製家具の消費量・生産量が減少していることが影響していると考えられるが、この影響の度合いは規模別に異なる。結論を先取りするならば、中規模生産が縮小しているために、相対的に小規模生産のシェアが拡大してきたことが観察できる。

そのことは、従業員規模別に製造品出荷額を比較すれば、明瞭に現れる。以下の図表を参考にして眺めてみたい。**図12**

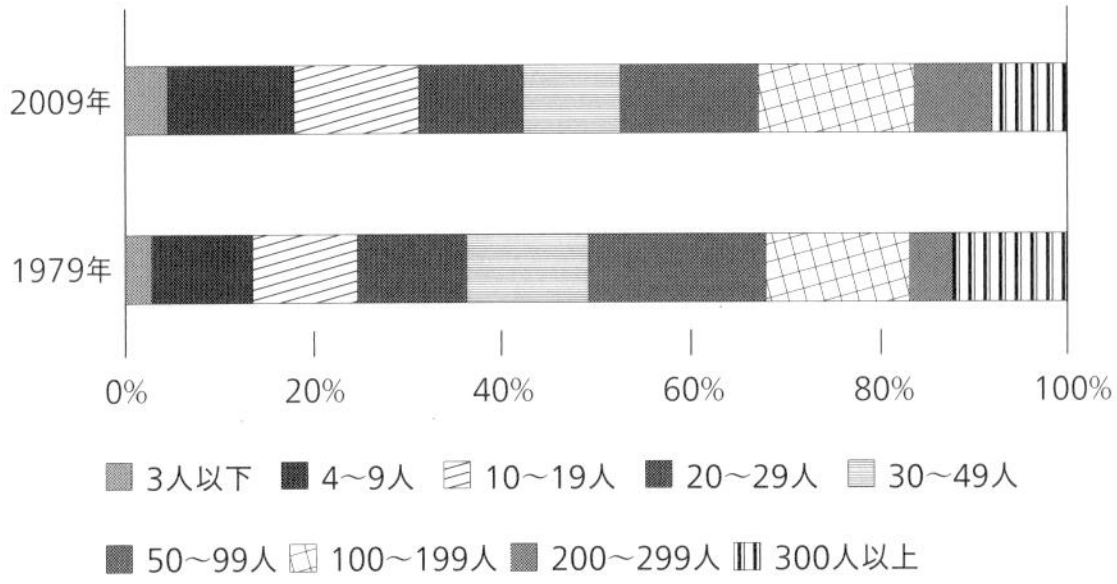

図12｜木製家具製造業の従業員規模別製造品出荷額
出典：2009年工業統計表（経済産業省）

	1979年	2009年	1979年構成比	2009年構成比
3人以下	11,057	9,624	7.3%	17.5%
4～9人	25,628	11,670	16.9%	21.3%
10～19人	19,941	8,959	13.1%	16.3%
20～29人	17,977	6,036	11.8%	11.0%
30～49人	18,910	4,639	12.4%	8.5%
50～99人	24,294	5,390	16.0%	9.8%
100～199人	18,024	4,508	11.9%	8.2%
200～299人	6,524	1,523	4.3%	2.8%
300～499人	9,731	1,944	6.4%	3.5%
500～999人	0	550	0.0%	1.0%
計	152,086	54,843	100.0%	100.0%

表1｜木製家具製造業の従業者規模別従業員数と構成比, 出典：2009年工業統計表（経済産業省）

と**表1**では、一九七九年と二〇〇九年の従業員規模別の製造品出荷額の比較を行っている。ここでは、これまでみてきたように、小規模生産のシェアは拡大しているが、これに対して、二十人以上から百人未満の規模では、製造品出荷額のシェアが低下していることがわかる。これらのことから、小規模生産シェアの拡大の一つの原因は、中規模生産シェアの減少が影響していると考えることができる。

3. なぜ小規模生産のシェアが増大しているのか

日本の木製家具製造業の三十年間にわたる動向をみてきたが、この結果から問題だと思われるのは、前述のとおり、そこから生じる「従業員規模が縮小してきているのはなぜか」という点である。小規模事業所では、小規模の従業員で少量生産を行っていて、生産性が低い生産体制であることがわかるのだが、なぜ生産性が低い生産がシェアを伸ばしているのだろうか。

言い換えるなら「なぜ生産性の低い、小規模生産に現代の従業員・職人は集まるのだろうか」という点が重要で解明すべき点である。一見したところでは、生産性の低い産業では賃金が安いから、むしろ働く者はこのような産業を避けて、そのため労働力不足になるのではないかと推測されるかもしれないが、現実はそうではないのだ。この事態をどのように説明したら良いのだろうか。

まず、従業員規模別の一人当たり製造品出荷額を比べてみたい。この数値は、規模別の生産性の違いを表していると解釈できるが、やはり規模が大きければ生産性も高いということが確認できる。

木製家具製造の一人当たり製造品出荷額の変化を一九七九年と二〇〇九年を比較した統計表でみると、木製家具製造業のこの三十年間にわたる変化の様子がわかる。全般的にみると、すべての従業員規模別の出荷額が減少していることは前述のとおりだが、同時に、以下の図で詳細にみると従業員規模別の一人当たり製造品出荷額はやはり増大している（図13、表2）。これは、一人当たりの生産性がこの三十年間に向上したことを表している。また、規模の経済性が効いていて、規模が大きくなればなるほど、一人当たり出荷額も大きくなるという傾向もみせている。中でも、規模の大きな企業ほど、一人当たり出荷額の生産性は三十年間にかなり高まっているといえる。

そして、とくに注目されるのは、このような状況にあっても、小規模事業所数の減少の程度が少ないという点である。このことは次のようなことを教えている。規模の大きな事業所では、一人当たり出荷額が高くなり、生産性の上昇がなければ、事業所は限界をみせることになる。それに対して、規模の小さな事業所では、必ずしも生産性上昇がなくても、事業所はそれほど淘汰されるわけではないので、ほぼ同じような経営を維持できることになるのである。すなわち、規模の経済に左右されない、別の要因の経済性が小規模事業所には存在すると考えられる。そこで、

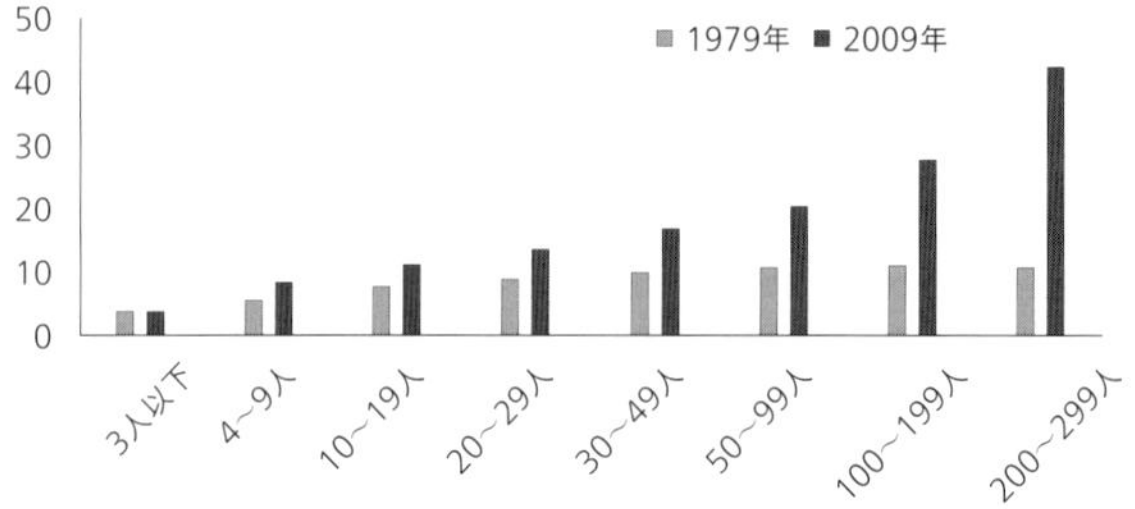

図13｜従業員規模別一人当たり出荷額の変化（1979-2009）（単位：百万円）
出典：2009年工業統計表（経済産業省）

	1979年（百万円）	2009年（百万円）	1979年構成比	2009年構成比
3人以下	42,254	37,921	2.9%	4.9%
4～9人	160,951	101,869	10.9%	13.2%
10～19人	164,000	103,990	11.1%	13.5%
20～29人	171,354	84,679	11.6%	11.0%
30～49人	196,336	80,240	13.3%	10.4%
50～99人	276,544	112,331	18.8%	14.6%
100～199人	217,611	128,224	14.8%	16.6%
200～299人	72,538	65,396	4.9%	8.5%
300人以上	172,136	56,819	11.7%	7.4%
計	1,473,724	771,469	100.0%	100.0%

表2｜従業員規模別製品出荷額と構成比の比較，出典：2009年工業統計表（経済産業省）

全事業所数に対して小規模事業所数の比率が高まる原因を考えていきたい。

サービス産業におけるコスト病

この点では、芸術産業などのサービス産業に特有の「コスト病」仮説での説明が参考になる[2]。ここで、芸術産業が低生産性の産業であることと、クラフツ産業における小規模生産が低生産性であることを類比的に考えることができる。

段階を追って、少し詳細に考えてみたい。コスト病仮説では、最終的には低生産性の産業に労働力が集まることを説明することになるが、このとき交響楽団がよく例に取られる。交響楽団という存在について、赤字経営であるのに、なぜ交響楽団などの芸術団体は存在するのか、さらに、ときにはこれらの団体が増大するのか、という問題が存在することが知られている。

この点を構造的に解明する考え方には、経済学の中では、従来から「供給過剰説」と「需要過少説」とが存在する。供給過剰説によれば、音楽を愛好するアマチュア演奏家などの音楽供給者はたくさん存在する。これらの音楽供給は需要を上回って存在することになる。したがって、供給過剰になり、この過剰分だけ料金を払わなくても、音楽需要を満たすことは可能である。したがって、供給側は常に費用が収入を上回ることになり、赤字体質となる。以上のように考えるのが供給過剰説である。

これに対して、音楽サービスは生きていく上で、一部の人びとにはそうであっても、すべての人にとって必需的なサービスではない。したがって、自ら進んで料金を支払い、音楽を需要する層が過少になる。このため、交響楽団収入は赤字体質となるというのが、過少需要説である。

いずれにしても、交響楽団経営は難しいということになる。問題は単に経済学がいう需給の量的な問題であるというだけではなく、じつのところ、楽団運営本来の質的な問題も含まれているのだ。なぜ供給が過剰になるのか、あるいは、なぜ需要が過少となるのか、という音楽産業の本質的な問題なのである。

この点に関して、もう一つの有力な第三の仮説が存在する。芸術団体などのサービス産業の生産者側の特性から導き出される、米国経済学者W・ボウモルとW・ボウエンの「コスト病」仮説である。産業間の比較を行うとわかることだが、サービス部門の基本的な特徴として、先ほどから問題にしている「生産性が低い」という特性がみられる。このサービスの生産性が低いという特性が、生産性の高い製造業などの産業との間の相対関係として、コストを増大させる原因を本質的に作り出すがゆえに、いわゆる「コスト病」を生み出していると考えたのである。

サービス産業と製造業の生産性の違い

なぜサービス部門の生産性は低いのだろうか。このことは、比較的簡単に説明できる。サービス生産は労働使用そのものが費用の主たるものであるという性質を持っている。労働技能は訓練や研修によって少しは上げることができ、それによってサービスの生産性を多少上げることは可能だが、製造業と比べると、費用と手間がかかる。したがって、それほど急激な生産性上昇は望めないという性質を持っている。つまり、資本設備や新技術を利用して生産性を上昇させるという製造業のような生産性上昇は、サービス産業は苦手としており、一人当たりの生産性上昇を容易に行うことがきわめて困難である。もっとも、サービス産業でも、銀行業などの金融サービスや不動産業のようなサービスでは、資本集約的な投資が可能であり、必ずしも生産性が低いわけではないが、これら以外のサービス産業では生産性を上げることが難しいといわれている。

ボウモルたちが挙げている自動車生産と芸術生産という比較事例をみたい。彼は著書で、次のように記述する。「人間の発明の才によって自動車の生産に必要な労働を減少させる方法が考案されてきたが、シューベルトの四重奏曲を四十五分間演奏するのに必要な人間の労働を、合計三時間の延べ労働時間以下にまで減少させることに成功したものはだれもいない」。

この例で示されているように、自動車産業では機械生産と技術革新の浸透によって生産性は格段の進歩をみせるが、芸術サービス部門では技術革新による生産性の上昇はそれほど望むことができない。このために、製造業部門と芸術サービス部門の生産性の格差は、次第に開いてしまうことになる。製造業では資本と技術をより充実させることで、全体の生産額が上昇し、生産額を労働者数で除した、労働者一人当たりの生産性をより上昇させることが可能である。このことは、結果として生産性を上昇させ、製造業労働者の実質賃金を上昇させることになる。

この製造業の実質賃金は、労働市場を通じてほかの産業に波及し、最終的に芸術団体などのサービス産業の実質賃金も上昇させることになる。このことが、芸術団体のコスト増大という影響を与えることになる。つまり、交響楽団の赤字体質をもたらし、コスト病の原因となる。賃金上昇がサービス生産のコストを押し上げ、最後にはこれが製品価格であるサービス価格を上昇させることになる。このような結果、成長産業に比較して、芸術産業は常にコストが増大することになる。同様にして、椅子の生産でも、大規模生産が「製造業」、小規模生産が「芸術産業」であると考えれば、同じ類推が可能であり、椅子の小規模生産事業所では生産性が低くコスト増となる可能性が高いが、それを補うための方法が求められることになる。

生産性の低い部門での雇用増大について

ボウモル説の興味深い点は、このコスト病という事態が、単に生産性の低い産業でコストがかさむことを説明しただけにとどまらず、この生産性の低いサービス部門で、なぜ雇用が増加するのかということを説明していることである。つまり、製造業部門では、労働が資本設備で置き換えられたり機械技術によって省力化されたりすることで雇用は減少するが、その一方で、実質賃金が製造業に準じて上昇するという、労働市場での要素価格均等化という市場調整が働き、労働集約的なサービス部門での雇用が増大することになる。このような過程は、人びとの生活水準が高くなるにしたがって、サービスへの需要が増大することでも助長されるし、つまり芸術が日常生活に浸透し、サービスへの需要の価格弾力性が低くなるにつれても、芸術団体などのサービス産業への雇用増大はより多くみられることになる。

これまでみてきた木製家具製造業の大規模事業所と、小規模事業所との間にも、生産性格差がみられ、これまでの製造業と芸術産業との比較と同じ構造を持っていると解釈できる。つまり、小規模な木製家具製造業には、生産性が低いという特性がみられるが、生産性の高い大規模木製家具製造業との間の相対関係として、コストを増大させる原因を作り、いわゆる「コスト病」を生み出していると考えられる。大規模事業所では、労働が資本設備で置き換えられたり機械技術によって省力化されたりすることで雇用は減少するが、その一方で、実質賃金を大規模事業所並みに上昇させなければならない労働状況を抱えている小規模事業所では、大規模並みに賃金を上昇させることはできないにしても、それに相応な賃金を提示せざるを得ないし、あるいは労働者は自ら別の副収入を模索することで、結局のところ、労働集約的な小規模事業所での雇用が増大することになる。

4. クラフツ文化とクラフツ生産の関係

クラフツ文化の価値と経済的価値

本章で考察するのは、経済価値に表れるクラフツ文化の特質である。もちろん、例外はあるのだが、なぜ多くの芸術・クラフツ活動は赤字になるのか、そして、赤字にもかかわらず、なぜ芸術・クラフツ活動は存続するのかという、芸術・クラフツ活動の経済的な価値についての考え方だ。このような芸術・クラフツの経済価値という性質を考える中で、芸術・クラフツ文化活動そのものの特性が明らかになり、さらにその社会的な性格を探ることができる。

このことを考える際に、芸術活動やクラフツ活動を生み出す芸術・クラフツ生産の側と、芸術・クラフツを鑑賞する芸術・クラフツ消費の側の両方のあり方をみておく必要がある。両者の相互的な影響の与え方が、ここでは重要な意味を持っている。そして、さらには芸術・クラフツ文化活動を成り立たせているのは、単に芸術・クラフツ文化活動それ自体だけではなく、ほかの産業との関係で、活動が成り立っていることも理解することが重要なのだ。芸術・クラフツ文化活動が企業メセナ活動や政府の文化援助によって、直接的な影響を受けているという観点からそういえるのではなく、むしろ生産性の違いなどによって、間接的でかつ構造的な影響を与え合っていることにも、理解を及ぼすべきである。

ここで問題として取り上げたい点は、いずれのタイプでも、総支出が本来の総収入を大幅に上回っているという点だ。つまり、芸術・クラフツ製作収入だけでは、赤字体質なのである。営利企業のように、本来のサービスに対する対価だけでは、芸術生産やクラフツ生産の運営には困難があるというところが現実なのだ。一般の企業であれば、直ちに業績不振となり経営が株主などによって、チェックを受け、改善を要求されることになるが、芸術・クラフツ文化活動の運営の場合には、この点はむしろ構造的な問題であり、芸術・クラフツ文化の特質を表していると考えられる。なぜ芸術・クラフツ文化経営では、構造問題として赤字が恒常的に生ずるのか、その点を理解することが重要である。

多くのクラフツ商品において一般的に観察できることだが、現代のクラフツ生産市場は、きわめて分断された小さな市場になっていることが知られている。たとえば、椅子クラフツへの需要は固定的な椅子クラフトの手づくり需要によって占められているわけだが、このファン層というのは、これまでのところでは時代が変化しても同程度の需要しか見込めない。これ以上の増加はなかなか期待できないといわれている。

他方、供給過剰説にしたがえば、椅子生産については年々減少していることが知られている。それには、所得水準の上昇とともに、趣味のクラフトを実現する場所が公開講座をはじめとして、増加傾向にあることなどが影響している。プロ・アマの生産者自体が増えている。

以上でみてきたように、現状では、クラフツ文化の価値と経済的価値との間には、構造的なギャップがあることがわかる。このギャップは、クラフツに対する過少な需要に基づく場合と、クラフツの生産が過剰になって供給が超過する場合とが存在することから生ずる。もしこの過少な需要を補うことができるならば、あるいはまた、過剰な供給を制御することができれば、それでクラフツ生産の需給を一致させることもできる。けれども、この判断は、クラフツ文化に加わる人びとである、クラフツ製作者とクラフツ使用者双方のクラフツ文化に対する考え方に依存しているというのが答えになるであろう。もちろん、この需要不足を補うことや供給過剰を抑制することは、単にクラフツ市場の経済的な調整によっては無理があることは上述のとおりである。民間支援や政府支援のあり方も必要となる。したがって、クラフツ文化の振興が政府の考え方に及ぼす影響は、単に経済的な問題に止まらず、社会全体へ波及する大きな局面として考えられなければならない。

現代のクラフツ生産の特徴

これまで木製家具製造業の現状をみてきた。この中からいくつかのクラフツ生産の特徴を読み取ることが可能である。共通する特徴は、ここでみてきたように、小規模生産体制においても条件さえ整えば劣勢を挽回し、部分的には優勢になりうるという点である。このため、労働集約的で、生産性向上にはかなりの努力を必要とする体制であることがわかるが、他方において、これらの特徴から、以下のような産業特性が引き出されることになる。注目できる点は、これらの特性が、なぜクラフツ生産では現代においても小規模生産が盛んに行われ、小規模事業者の比率が高まるのかということに一定の答えを示していることである。

芸術生産とは区別できる、クラフツ生産特有の性質はなんだろうか。それは第一の特性として、多様な変化への「柔軟な対応（flexibility）」が可能であるという点である。この点は第一章でもクラフツ生産の特徴として指摘したが、ここでの文脈でもとりわけ重要なので強調しておきたい。つまり、これはクラフツ生産が小規模生産であることからもたらされるメリットである。小規模な組織では、機動的な適応が可能だからである。現代のクラフツ生産について論じているピオリ&セーブルは、著書『第二の産業分水嶺』において、リヨンの絹織物業者の技術を取り入れる柔軟性について指摘している。[3] リヨンでは、十三世紀頃から絹織物産業が現れた。その後、ルイ十三世やフランソワ一世などの保護により一大産業となっていった。けれども、その後フランス革命の影響などから衰退が始まる。また機械生産による競争にも晒された結果、リヨンの絹織物は壊滅的な状態に陥る。その後、現代においては、伝統的かつ高度な技能を再生し、品質の高い手づくり生産を復活させている。さらに、小規模生産であることから、消費者の需要変化に対しても融通のある適応性を示すことが可能であると指摘されている。

第二の特性は、クラフツ経済は原材料地と消費地の中間に位置する産業特性を持っており、いわば「連結の経済（economy of connection）」という性質を持っていることである。「連結の経済」とは、複数の経済主体が連結・結合されることにより生み出される相乗効果の経済性、と宮沢健一が著書『業際化と情報化』で指摘したものである。[4] その産業分野の違いによっては、陶磁器製造業のように、工業立地として原材料に近接するところに事業所現場を持つ場合もあるし、手芸業のように、消費地に近接するところに立地を図る産業も存在する。これらは、農山村と都市とを結合する機能を果たし、さらに両方にメリットをもたらす特性を持っているといえる。この連結機能は、それによって産業間の調整を行い、結果として産業間をとり結ぶことになるために、「集積の利益」をもたらす要因となる。複数の経済活動を結ぶ活動の効果なので、ネットワーク効果あるいはネットワーク外部性と呼ばれる場合もある。

第三に、クラフツ生産は、製造業の中でも、職人経済特有の小規模でその内部で完結する生産体制であるために、芸術生産とも共通する自己完結的で自己目的的な（consummate）特性を持つ。[5] この点は大量生産方式の分業体制と比較してみれば、容易に理解できるであろう。分業体制の下では、人びとの労働は歯車の部品のような位置付けであり、仕事全体を認識することはできない。このために、成就するという満足感が得られず、疎外状態になる可能性が高いが、これに対して、少数の職人の小規模生産の下では、多少の分業体制を敷いていたとしても、自らの労働との一体感には強いものがあるといわれている。クラフツ経済が小規模制をとるのも、疎外からの脱却を目指しているからだといえる。

クラフツ経済の現代的課題

この章では、現代におけるクラフツ経済の役割について、木製家具製造業を中心にみてきた。[6]かつては、クラフツ経済は工業化以前の生産の在り方であると考えられてきており、大量生産の製造業と比較すれば、現代においては衰退産業であると考えられてきた。けれども、地域経済の中では、陶磁器、木製品、手芸品、装飾品などの工芸品生産や日用品のハンドメイド生産が、現代においても残ってきていることも事実である。自然素材の原料を供給する「農山村」と、クラフツ商品を消費する「都市」との中間にあって、手工業経済の部分的な復活がありうることを教えている。

椅子クラフツ生産を含む木製家具製造業を通して、現代的なクラフツ経済がいかに特徴づけられ、その問題がどのような点に存在するのかについて考察してきた。その結果、現代の木製家具製造業では、規模の大きな企業での生産性向上が進んでいる一方で、この製造業における小規模メーカーの事業所シェアやそこに勤める従業員比率が高まっていることが理解できた。興味深い問題はここで、小規模メーカーが増加している理由を、前述の「コスト病」仮説によって説明できることである。なぜクラフツ生産では、構造問題として赤字が恒常的に生ずるのか、という点を理解することが重要である。

クラフツ生産では、小規模生産に特徴があることがわかったのだが、現代の木製家具製造業では、生産額が減少傾向を示す中で、規模の大きな企業での生産性向上が進んでいることも確かだ。けれども他方、生産性が低く労働集約的な特徴があっても生き残り、小規模生産の持つ柔軟性や連結性や自己完結性などの理由によって、クラフツ生産は現代においても持続する傾向を示していることも事実なのである。

第三章

近代椅子はどのように変化してきたか

1. 近代椅子とは何か

日本の美術館の中には、近代椅子のコレクションを持っているところがいくつか存在する。たとえば、埼玉県立美術館、富山美術館などが有名であるが、ここではとりわけ優れたコレクションを持つ、武蔵野美術大学の美術館・図書館を紹介したい[1]。ここには四百脚以上の近代椅子コレクションがあり、美術館に特設されている椅子ギャラリーに展示されている（図1）。

これらのコレクションを実際にみながらこの章で考えてみたいのは、「近代椅子とは何か」、「これらの近代椅子が近代の経済社会といかなる関係を結んできたのか」、そして、「近代椅子はどのように変化してきたのか」という点である。

図1｜武蔵野美術大学美術館・図書館（上）と椅子ギャラリー（下）

近代椅子の収集基準

武蔵野美術大学美術館・図書館は、東京の西武国分寺線鷹の台駅に近い武蔵野美術大学の構内にある。大学美術館として、美術作品やデザイン資料などの収集と保存、データベースの構築、展覧会の開催など行っている。

近代椅子の収集は、一九六七年の美術資料図書館開館当初から行っており、二〇一一年に美術館・図書館としてリニューアルした際に、椅子ギャラリーが併設された。これらの椅子は美術・デザインの専門大学であるこの大学の教育と研究に資することを第一の目的とし、教材として集められたものだということだ。

最初に、「近代椅子とは何か」ということを考えたい。有史以来、古代エジプトの例でみてきたように、椅子は権力の象徴であったり、労働の道具であったりして、社会経済と密接に関わってきた。近代化の中で、近代椅子というジャンルが出てくる。どのような椅子が近代椅子であるのだろうか。ざっとギャラリー棚の写真をみていただけば、これらの中に一脚以上は知っている椅子がみつかるだろう[2]。

写真に写っている棚は、十九世紀前半のものから十九世紀後半のもの、そして二十世紀前半のものが並び、最後に二十世紀後半の椅子たちが揃っている。ざっとみていただけば、近代椅子のイメージがわかってもらえると思う。おおよそ十九世紀以降の椅子が集められており、これ以前のヨーロッパ諸国でみられるような王族や貴族の椅子たちに比べると、シンプルなスタイルを持っているという共通点が認められる。

この美術館の近代椅子コレクションの収集基準を説明すれば、近代椅子の輪郭が明らかになる。どのような収集の基準、特徴があるのだろうか。ここでは七つの収集基準に基づいて近代椅子を収集している。

一つ目は、十九世紀後半以降の椅子であること。二つ目は、量産されたもの。三つ目は、市場に流通しているもの。四つ目は、家庭用の一人がけの椅子であること。つまり、生活の場で使用されるもの。五つ目は、デザイン史上、重要な位置を占めるもの。六つ目は、素材や加工技術に多様性を持ったもの。そして、七つ目は、時代的評価に耐えられるものである。

ここで問いたいのは、なぜ近代椅子というジャンル分野が発達したのか、ということだ。もちろん、近代椅子が製作されていた時代にあっても、同時並行的に、従来からの近代以前の椅子である王侯貴族たちの椅子も作られていたし、庶民向けの労働椅子も同様に、近代椅子と重なって作られていた。

近代椅子の源流

近代椅子には、四つの源流があるという考え方を、武蔵野美術大学名誉教授の島崎信氏が唱え

図2｜明代の椅子圏椅（左上）、ウィンザーチェア（右上）、
シェーカーチェア（左下）、トーネット椅子（右下）

ている。[3] 明代の椅子、ウィンザーチェア、シェーカーチェア、トーネット椅子である。それぞれ、現代の家具に多大な影響を与えてきていることで知られている。どのような点で影響を与えていたのだろうか。たとえば、明代の椅子については、圏椅（クァン・イ）が典型例であり、北欧椅子とりわけハンス・ウェグナーへ影響を及ぼしたことで有名である。ウィンザーチェアでは、座面を挟んで、背板部分と脚部分が切り離されているという特徴があり、これは庶民の手づくりの椅子から発展してきたことを示しており、木工用ろくろ（旋盤）を使った製法で近代椅子に影響を与えてきている。シェーカーチェアでは、後脚と背板の柱が一体化されている特徴があり、シェーカー教徒が作っていたものである。彼らは米国でビレッジを形成して、生活に使う道具としての簡素なデザインの椅子を作り、その後のモーエンセンなどの椅子作家たちに影響を与えた。さらに、トーネット椅子は曲木技術などで「量産」を可能にし、この特性がその後の椅子の製作に受け継がれることになった。このような系統の違いがあり、それぞれ近代椅子の中に受け継がれてきている。

近代椅子の時代区分を行うと、さらに系統が明らかになる。この椅子ギャラリーに所蔵されている代表的な椅子を取り上げ、前述の源流というものが系統として現れ、近代椅子の系統が整えられてきた様子をみてみよう。一括りに近代といっても、いくつかの時代区分ができる。王侯貴族の椅子の時代には、椅子に使われている素材によって、オークの時代、マホガニーの時代など

近代椅子の時代区分

年代	製作年	製作者	椅子の名称・種類	
1800	1840-42	ミハイル・トーネット	ボパード・チェア	トーネット椅子の時代
	1848	ミハイル・トーネット	No.4	
	1859	ミハイル・トーネット	No.14	
1850	1858	ウィリアム・モリス	アームチェア(ウィービング・チェア)	アーツ&クラフツ、アール・ヌーボーの椅子の時代
	1860	フィリップ・ウェッブ	セットル(木製長椅子)	
	1864	フォード・マドックス・ブラウン	サセックス・チェア	
	1895	アーネスト・ギムソン	シェーカー・チェア(復刻)	
	1902	エミール・ガレ	サイド・チェア	
	1898-1900	アントニオ・ガウディ・イ・コルネ	カルベット邸のアームチェア	
1900	1904	チャールズ・レニ・マッキントッシュ	ウィロー・ティー・ルームの椅子	建築家の椅子の時代
	1904	チャールズ・レニ・マッキントッシュ	ヒル・ハウス・チェア	
	1904	フランク・ロイド・ライト	ラーキン社ビルのアーム・チェア	
	1921-22	フランク・ロイド・ライト	東京帝国ホテルのピーコック・チェア	
	1936	フランク・ロイド・ライト	ジョンソン・ワックス社の椅子	
	1911	ヴァルター・グロピウス	ファグス工場のアーム・チェア	
	1923	ヴァルター・グロピウス	バウハウス校長室のアーム・チェア	
	1925-27	マルセル・ブロイヤー	ヴァシリー・チェア	
	1928	マルセル・ブロイヤー	カンティレバー・チェア	
	1929	ルートヴィッヒ・ミース・ファン・デル・ローエ	バルセロナ・チェア	
	1929	ル・コルビュジエ、ピエール・ジャンヌレ&シャルロット・ペリアン	モデルB306	
	1928	ル・コルビュジエ、ピエール・ジャンヌレ&シャルロット・ペリアン	グラン・コンフォール	
	1932-33	アルヴァー・アアルト	モデルNo.60	
	1933	アルヴァー・アアルト	モデルNo.66	
	1944	フィン・ユール	モデルNo.44	北欧椅子の時代
	1945	フィン・ユール	モデルNo.45	
	1943	ハンス・J・ウェグナー	チャイニーズ・チェア	
	1947	ハンス・J・ウェグナー	ピーコック・チェア	
	1949	ハンス・J・ウェグナー	ラウンド・チェア(ザ・チェア)	
1950	1950	ハンス・J・ウェグナー	Yチェア	
	1953	ハンス・J・ウェグナー	ヴァレット	
	1952	ハンス・J・ウェグナー	カウホーン・チェア	
	1947	ボーエ・モーエンセン	シェーカー・チェア(J39)	
	1945	チャールズ&レイ・イームズ	LCW	
	1948-50	チャールズ&レイ・イームズ	DAR	

『1000 chairs : 1000チェア』C&P・フィール著, Taschen, 2010を参考にして作成.

という時代区分が行われていた。[4] 近代椅子では、どのような時代区分がありうるのだろうか。単純な時代変遷で区切っても、近代椅子の変容の特徴が出てくるのではないだろうか。たとえば、近代椅子の形成される一八〇〇年代から一九五〇年代以降まで特徴のある三時代に区切り、それに合わせて、ここでは三種類の系統について代表的な椅子を取り上げたい。（一）トーネット椅子の時代（一八〇〇年代〜一八五〇年代）、（二）アーツ＆クラフツの時代（一八五〇年代から一九〇〇年代）、（三）建築家の椅子の時代（一九〇〇年代〜一九五〇年代）、そして、これらが複合的に現れる北欧椅子の時代（一九五〇年代以降）である。かなりの重なりがあり、はっきりした区画ではないが、おおよそ五〇年刻みで近代椅子を分けてみたい（前ページ参照）。

2.「トーネット椅子」の時代

近代椅子で最初に注目すべきものを挙げるなら、それはトーネット椅子ではないだろうか。トーネット椅子は、ミヒャエル・トーネット（図3）によって、十九世紀前半に曲木技術が椅子生産に取り入れられたことで、工場での量産が可能になった椅子である。「No.4」と呼ばれる椅子がウィーンのカフェ・ダウムの注文を得たことが有名で、とくに、「No.14」（図4左）という商品は一九三〇年代までに五千万脚のレベルで、世界に広まったといわれている。

図3｜ミヒャエル・トーネット（1796-1871）

図4｜「No. 4」（左, 1849）と「No. 14」（右, 1859）

トーネット椅子に代表されるこの時代の椅子の特徴を三つ挙げておきたい。第一に量産性、第二に販売革新、第三に規模拡大という点である。[5] ここでも、近代椅子というものの形成を巡って、製作者側と使用者側の相互作用を観察することができる。そのことを踏まえ、新たな椅子製造技術が出現して、製作者側が近代椅子を主導した事例、使用者側の考えが近代椅子を生み出すもとになった事例、さらには両者の動きが融合して、近代椅子を造りだす事例などをみていくことにする。

第一に、近代椅子生産においては曲木技術がキーポイントであったことは確かである。「No.14」の写真をみればわかるように、後ろ足から笠木にかかり、ぐるっともう一本の後ろ脚までが一体の曲木で製造が可能になったということである。この後ろ脚は三次元的な構造でできているのだ。自分の腕を前に伸ばした状態が一次元で、さらに肘で横に曲げれば二次元ということになり、今度は手首から上にあげれば三次元の完成である。トーネット椅子の後ろ足全体がこのような三次元でできているのだ。とくに、曲木技術によって、三次元の部分まで一工程で製作できてしまうところに注目する必要がある。そして、この最後のところで、脚が三次元に曲げられているところが重要なのだ。日本の椅子職人の方は「転び」と表現するのだが、椅子の脚がカーブしている。この転びの部分は手仕事で行えば、熟練職人が数日かかる工程なのだ。ところが、一体化させることによって、製造工程が省力化され、生産性がグッと高まることになる。トーネット社のウェブサイトで、この曲木工程の映像をみることができる。[6]

図5｜「No.14」の組み立てキット（1859）

図6｜マルセル・ブロイヤーの「ワシリーチェア」（1926）と「チェスカチェア」（1928）

第二に、トーネット椅子には、近代椅子に典型的な流通・販売段階の革新をみて取れる。**図5**をみればわかるように、トーネット「No.14」の部品の数を数えてみると、六つの部品でできており、工程が短く、生産性がたいへんよいことがわかる。このことだけでなく、運搬に便利であることもわかる。部品が標準化されたために、どこでも組み立てられることになり、**図5**の右下の一箱には三十六脚が積み込まれ、現地で組み立てられた。ノックダウン方式と呼ばれるようになる、通信販売で発達する形式である。このように販売の生産性が向上したのである。

第三に、曲木技術によって機械生産が大幅に取り入れられることになり、このための工場が建てられていくことになった。トーネット社の工場数をみると、当初は一八五二年に一工場で始まったが、一九五九年からはベストセラー椅子の「No.14」が登場して、一九〇〇年の最盛期には七つの工場を構えることになった。従業員数でも、規模拡大が生じていることがわかる。一八五二年の工場では、わずか四十二名で始まったのだが、一九〇二年には三万人を超える規模に成長していったのである。

このトーネット椅子に影響を受けて、量産体制を築いた椅子の生産には、他にもいくつかのものがある。のちにトーネット社が権利を買い取ることになるバウハウスのブロイヤーのパイプ椅子は、量産体制を示す典型例の一つだ。[7] これらは、ドイツの有名なデザイン学校バウハウスで製作され、鉄パイプを素材にした特徴を備えている。ガス管のパイプ利用から始まったといわれて

図7｜アアルト椅子「No.60, Altek」と「No.66」（1932頃）

おり、規格化されたパイプという素材の長所を取り入れて、金属製の近代椅子が出てくることになる。**図6**の椅子は、ワシリーチェアとチェスカチェアである。ワシリーチェアは、一九二五年にバウハウスのデッサウ校で美術を担当していたワシリー・カンディンスキーのために、マルセル・ブロイヤーによってデザインされたものだ。また、チェスカチェアは娘の名前が付けられている。一体化され連続した鉄パイプが使われていることで、弾力性に富み、座面を片側の脚で支えるカンティレバーという方式で作られている。座り心地の良い椅子が鉄という耐久性ある素材で実現され、素材が量産に適合していたといえる。

量産体制を形成した椅子としては、アアルト椅子「No.60」「No.69」も好例である[8]（**図7**）。これは一九三二年頃に積層合板（ラミネート）という技術で作られた。裏返してみるとわかるように、このアアルト椅子もトーネット椅子に比較しても、さらに部品の数が少なく、量産性を持った近代椅子の典型の一つだといえる。以上のように、トーネット椅子に範を求め、量産性という近代椅子の流れを作った時代があったといって良いのではないだろうか。

3.「アーツ&クラフツとアール・ヌーボーの椅子」の時代

次に注目したいのは、一八五〇年代から出てくるアーツ&クラフツ、アール・ヌーボーの動き

図8｜ウィリアム・モリス（1834-1896）

である。[9] この時代の近代椅子には、機械生産への反省が顕著に出ており、自然志向や復古趣味などの特徴をみることができる。デザインが社会にどのような影響を与えるのか、という点からみると、椅子のデザインと一般社会のデザインとが呼応関係にあるといえる。アーツ&クラフツ運動で活躍した、デザイナーの草分け的存在であるウィリアム・モリス（図8）は、機械技術が社会を支配するようになる時代への批判的・反省的運動を起こすことになる。このような反近代という動きを幾たびも経験しながら、その中でも時代を写す典型的な例として、近代椅子は育っていくことになったのだといえる。反近代椅子も近代椅子の一種である。

機械生産が近代批判の洗礼にあう傾向は、

図9｜ウィリアム・モリスの椅子(左上, 1858), エミール・ガレの椅子と長椅子(右と左下, 1902), ガウディの椅子(下, 1898)

近代の産業社会に共通した特徴でもある。初期には、ラダイト運動で工場が打ち壊しになることがあり、さらに近代が進んで機械についての考え方が転換した例では、二十世紀前半にフォードT型がGM自動車に取って代わられたことも挙げられる。なぜ安くて丈夫で良い製品が、それだけでは人間社会の中で完全に受け入れられるわけではないのかを考えさせられる。美しさが追求されるデザインというものには、それを使う側の嗜好が作用するという、いわゆるリフレクション（反転）が生ずるのだといえるだろう。

図9の四つの写真がこの時代の椅子の特徴をよくとらえている。アーツ&クラフツ運動の中で一八五八年に作成されたモリスの椅子には、手仕事的な趣が明瞭に残っている。また、次の一九〇二年に製作されたエミール・ガレの椅子には、ガレの専門であるガラス工芸品と同じように自然をデザイン対象とした椅子が作られた。同じくガレの長椅子にも、草花の意匠がみえる。また、一八九八年に作られたスペインのガウディの椅子にも、自然志向が読み取れる。

武蔵野美術大学美術館椅子ギャラリーには、モリス商会が製作販売したとされるサセックスチェアが所蔵されている（**図10**）。この椅子をみるとわかるように、ウィンザーチェアとは作りが異なるが、木組みとラッシュ編みで作られ、手づくりで、なおかつ地域で作られてきたような、復古調の趣がある。一八六四年に画家のフィリッピ・ウェブあるいは画家のフォード・マドックス・ブラウンによってデザイン・製作されたといわれている。

図10｜サセックスチェアのヴァリエーション（ウィリアム・モリス商会のカタログ, 1905）

図11｜モーエンセン「J39」（左, 1942）とジオ・ポンティ「スーパーレジェーラ」（右, 1951）

系統という点からみると、この十九世紀後半の時代には、シェーカーチェアの系統が観察される。ギムソンによってシェーカーチェアが復活され（一八九五年）、二十世紀に入ると、世界中の椅子に影響を与えることになる。いくつかの例を挙げることができる。たとえば、北欧椅子のモーエンセンの「J39」を生み出すことになる（図11左）。シェーカーチェアの系統ではいずれも、手仕事としての椅子作りを維持している。また、シェーカーチェアのシンプルさを受け継いだという点に関していえば、これも有名な「小指で持ち上げることができる」と称された、ジオ・ポンティの軽量の椅子、「スーパーレジェーラ」（一九五一年、図11右）を生み出すことに繋がると解釈できるかもしれない。

4.「建築家の椅子」・「北欧の椅子」の時代

二十世紀に入って一九〇〇年代から一九五〇年代になると、建築家自身がデザインする椅子が数多く出てくることになる。一九二八年に製作されたル・コルビジエの「LC4」（図12）や「グラン・コンフォール」、さらにミース・ファン・デル・ローエ（「バルセロナチェア」図13）、グロピウスの椅子などがあるが、ここではとくにレニ・マッキントッシュ、フランク・ロイド・ライトに注目したい。[10]

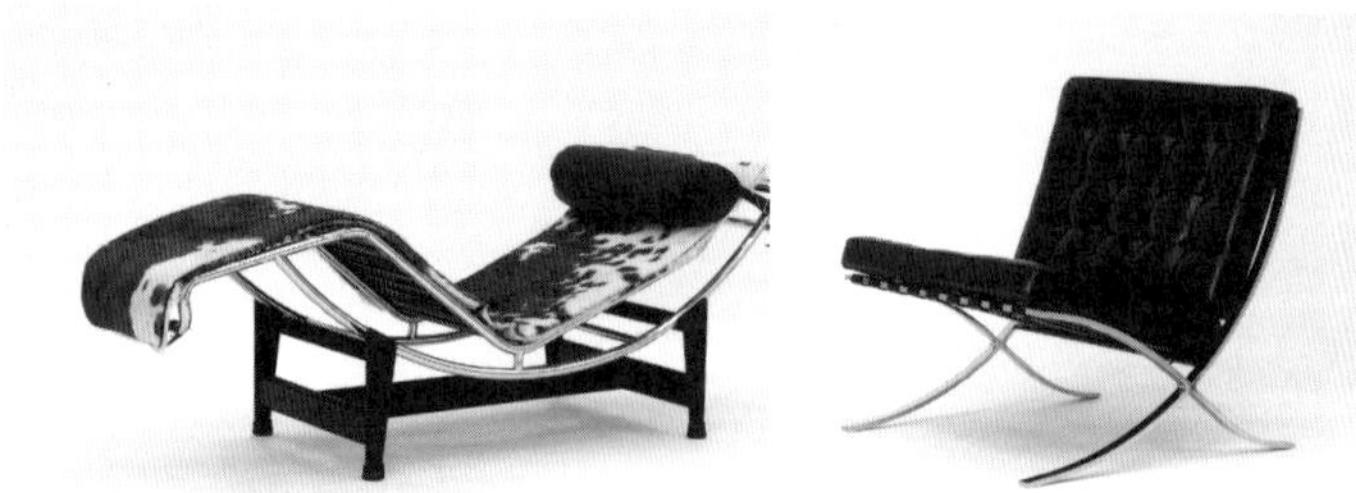

図12｜ル・コルビュジエ「チェア LC4」（左, 1928）
図13｜ミース・ファン・デル・ローエ「バルセロナ・チェア」（右, 1929）

近代の大建築家といわれる巨匠たちが、自分の設計した建物や部屋に有機的に調和する椅子をデザインする時代になったのである。そして、一九五〇年代になると、北欧家具が全盛の時代に入る。ここでは、生活空間全体のデザインということが認識されることになる。この時代の特徴は、第一に、椅子は建築物との間で、全体的調和を求められること。第二に、椅子は単に座る道具だけでなく、空間構成物という役割を付与されるようになること。第三に、手仕事と機械生産との融合がみられるようになることである。

フランク・ロイド・ライトの椅子

第一の「部分と全体の調和」を達成している具体例として、まず注目したいのは、フランク・ロイド・ライトの関係する椅子である。フランク・ロイド・ライトは、カウフマン邸（落水荘）、ジョンソンワックス社などの設計を行ったことで有名で、日本には現在明治村に一部保存されている帝国ホテル旧館があ

図14｜フランク・ロイド・ライト（1867-1959）

図15｜自由学園「明日館」（1921）の全景（上）と食堂（中），教室の椅子（下左）と食堂椅子（下右）

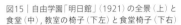

る。二十世紀前半に活躍した近代建築家である。

武蔵野美術大学美術館には、フランク・ロイド・ライトが帝国ホテル建築中に設計を始め、その後遠藤新に受け継がれた東京目白の自由学園「明日館」の椅子が所蔵されている。この椅子は遠藤新が一九二一年にデザインした明日館で使われたものが収蔵された[11]。

この椅子は日本人の体型が変化し生徒の身体が大きくなったため、廃棄されることになり、寄付されたものである。この椅子は明日館の食堂椅子なのだが、建物との調和を重視して作られている。明日館も帝国ホテルと同様に、大谷石を多用して作られており、この食堂の部屋も幾何学模様を組み込んだような柱と、これらの椅子と机とが調和している。もう一つは、ライトがよく採用する六角形を背板に採用した教室の椅子である（図15）。このデザインは「有機的建築」という彼の標語に適合している。ライトは「椅子はそれが置かれ使われている建物に合わせて、デザインされなければならない」と述べている[12]。

マッキントッシュの椅子

第二に、「空間構成物」としての椅子の具体例として、マッキントッシュの椅子を取りあげたい[13]。レニ・マッキントッシュは、十九世紀後半から二十世紀にかけて、スコットランドのグラスゴーを中心に活躍した建築家である（図16）。椅子に関係する建物としては、ヒルハウスが有名で

図17｜「ヒルハウス」(1904)

図16｜チャールズ・レニ・マッキントッシュ(1868-1928)

図19｜アクセントとしての椅子(上)、空間を分節する椅子(下)

図18｜マッキントッシュの「サイドチェア」(通称「マッキントッシュ・チェア」, 1902)

ある（図17）。グラスゴー郊外のクライド湾を望む丘の上に、印刷業者ブラッキーの館として建てられたものである。武蔵野美術大学美術館に所蔵されているのは、一九〇二年にデザインされ、このヒルハウスの寝室（建物左二階にある）に置かれている椅子である（図18）。

ヒルハウス寝室の二枚の写真（図19）で全体の空間配置の様子がわかる。部屋の入り口から入って、左にタンスに挟まれた空間があり、アクセントとしてこの椅子がまず据えられている。もう一つの同じ椅子は、寝室をベッドの部分と居間の部分に分ける、いわば空間区画の役割を担っている位置に据えられている。二つの空間のちょうど真ん中に置かれているのである。やはり、この椅子も台形の座面を持っているが、横からみればわかるように、背面が高い、いわゆるハイバックなので、下に重心がないと倒れてしまいそうにみえるため、バランスを考えて台形のデザインが重みをつけているともいえる。いずれにしても、座る機能というよりは、他の機能が想定されている椅子である。

さらに、ベンチ・タイプのハイバックチェア（図20左）は、グラスゴーのウィロウ・ティールーム（同右）に一九〇四年に置かれていたもので、この椅子は三枚目の写真（図21左）でかすかに右隅の中二階の端の下にみえる。これを正面から撮ったものが四枚目の写真（図21右）である。これでわかるように、前の方のフロント・サロンと後ろのバック・サロンとの中間に置かれ、明らかに両者を遮断すると同時につないでいる空間的整序の役割を持っている。

図20｜ウィロー・ティー・ルームに置かれたサイドチェア（1904），グラスゴーのウィロウ・ティールーム外観（右）

図21｜グラスゴーのウィロウ・ティールーム内観（下）

Yチェアとピーコック・チェア

第三に「手仕事と機械生産の融合」の典型例をみておきたい。ここに並べたのは、ハンス・ウェグナーの「Yチェア」(「No.24」、一九五〇年)と「ピーコック・チェア」(一九四七年)などである[14](**図22**)。これらは、一九四〇年代から五〇年代にデンマークで製造された。ヨーロッパ文明の中には伝統的な木ネジ文化が存在するにもかかわらず、そこから離れ、木組みで伝統的な職人技を採用しているという特徴がみられる。もちろん、同時に機械生産も取り入れ、さらに部品の数を減らして、量産性を改善していることなどの特徴もみられる。手づくりの手法と機械使用の手法とが、融合されているのをみることができる。

「Yチェア」には見所がたくさんあるが、ちょっとマニアックな視点を紹介したい。後脚に注目しよう。斜め四五度からみると、一直線にみえるが、正面からみると、かなり曲げられているように感じる。二次元を三次元のようにみせているなどの工夫をしているのである。「ピーコック・チェア」でも、かなりの部分で機械使用が行われているが、しかし骨格部分はウィンザーチェアの手づくりの手法が使われている。脚に注目してみれば、四方向に「転んで」いることがわかり、ウィンザーチェアの伝統を受け継いでいることがわかる。同様に、フィン・ユールの「No.45」(一九五四年、**図23**)でも、肘木に職人技の削りの素晴らしさをみることができる。

先ほどの建築家の椅子がテーブルや部屋や建築物との「空間」的な関係性を重視していたのに

図22｜ハンス・ウェグナーの「チャイニーズ・チェア」（左上, 1943）「Yチェア」（右上, 1950）「ザ・チェア」（左下, 1949）「ピーコック・チェア」（右下, 1947）

図23｜フィン・ユール「イージーチェアNo.45」（1945）

対して、北欧椅子は「時間」的な関係性を重視している。さらに近代椅子の世界には、椅子相互の系統ということが存在しているのを、北欧椅子にはみることができる。伝統的な技術が機械生産と融合して受け継がれているのである。

この章では、武蔵野美術大学の美術館所蔵の近代椅子コレクションをみながら、近代椅子の特徴として、シンプルさや軽量性などを確認した。椅子製作者が主導権を握り、大量生産を現出させたのである。次の近代椅子の世界には、アーツ＆クラフツやアール・ヌーボー時代にみられたように、機械による量産だけではなく、手づくりによる職人技の復活があり、機械生産に対抗して自然志向や復古調が追求された。そして、建築家の椅子の時代・北欧椅子の時代では、手仕事と機械生産を融合させる動きがみられた。家具や建築との有機的関係・空間構成などの系統的な椅子作りが出てくるのだが、このような近代椅子が現代に至るまで影響を及ぼしていることも確認できた。

第四章　なぜ椅子をつくるのか

椅子と製作者の関係

椅子の製作は、製作者と椅子の関係と、使用者と椅子との関係が相まって成立すると考えることができる。この第四章では、**図1**で示すように、右半分で描かれている、椅子製作者の立場から椅子の製作過程をみていく。[1] 椅子の製作者は、どのようなことを考えて、椅子と向き合って作っているのだろうか。椅子製作者が「つくる」ときには二つの意味がある。一つは「創る」で、もう一つは「作る」である。前者では新たに椅子を生み出すことに力点があるのだが、後者では製作プロセスに力点がある。椅子をクラフトすることには、両方の意味が同時に含まれる場合が多い。他の章では一般的に「作る」を使うが、第四章に限っては「つくる」と表記したい。

この章では、長野県松本市で開催されているグレイン・ノート椅子展を取材し、なぜ製作者は椅子をつくるのかという視点から、ベロ工房の指田哲生氏[2]の話を交えながらみていく。この椅子展は十年以上にわたって継続して開かれており、毎回約二十五名の椅子作家が約五十点ほど、こ

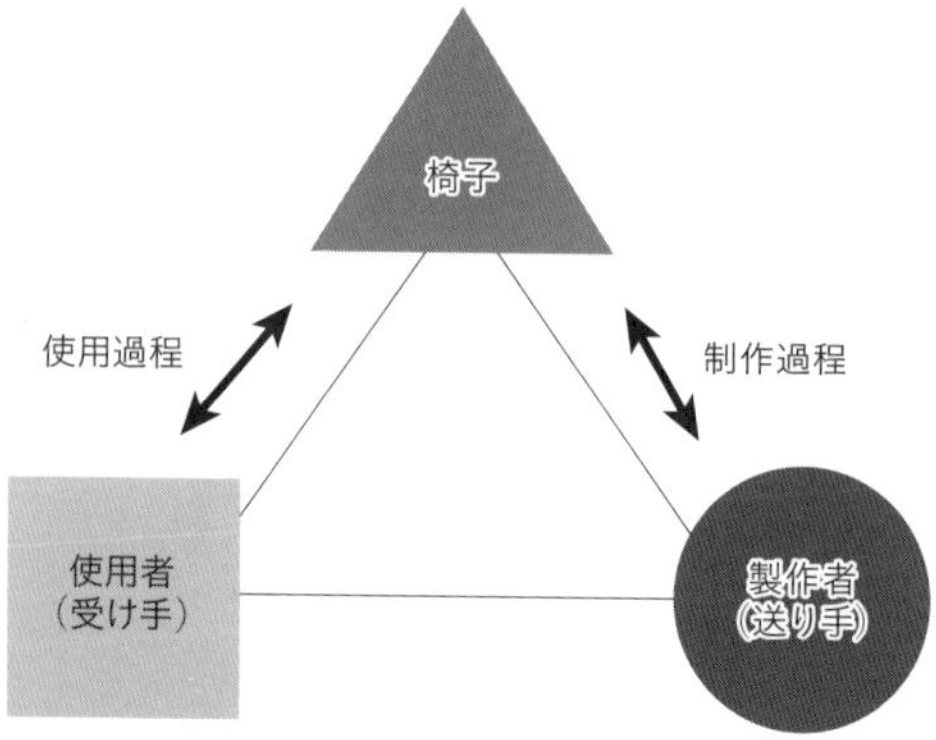

図1｜椅子製作の関係図

れまでに延べ五百脚以上の椅子を出展している。これらの椅子を題材として、椅子の素材・椅子の構造・製作者の考え方などについて考えてみたい。

「なぜ椅子をつくるのか」、二〇一七年に椅子展へ出展している製作者たちへヒアリング調査を行った。その結果、椅子製作の理由として次の三点が浮かび上がってきたので、これらの点を中心にみていきたい。

1. 「素材」の魅力
2. 「技能」の発揮
3. 椅子製作の「自由さ」

椅子をつくる製作者の環境をさらに詳しくみると、**図3**のような椅子製作の関係を持っていることがわかる。製作者は、第一に素材との関係で、素材の性質を重視しながら製作にかかる。たとえば、木材であれば、木の種類、木目の状態、乾燥の度合いなどが考慮される。第二に、製作者は椅子との関係で、技能を発揮して製作を行

図2｜グレイン・ノート椅子展、長野県松本市

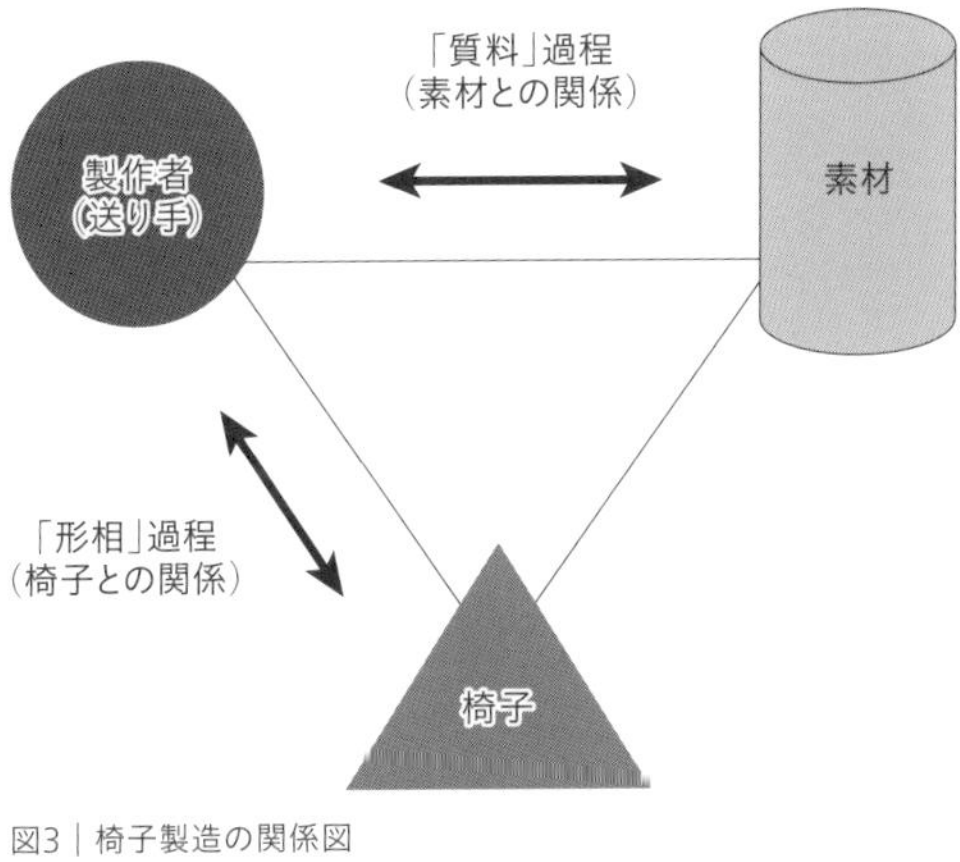

図3｜椅子製造の関係図

う。そして第三に、椅子は素材や製作者との関係の中で、製品・作品として独自の領域を獲得していく。

1.「素材」の魅力

椅子をなぜつくるのかと問われて、まずあげることができるのは、椅子の素材となるものの、とりわけ「木材」というものの魅力である。なぜ製作者たちは、素材にこだわるのだろうか。これほどまでに素材に深く関心を持つのだろうか。

木を扱っている製作者は、素材それ自体の性質に関して、とくに木目を活かすということを考えたり、自然さ・粗野さを椅子に呼び込もうと考えたりすることがある。

写真（図4）にあるのは、松本勝行氏製作のベンチと園田勝幸氏のベンチである。いずれも板を大きく取って、木目を活かすつくりになっている。このような大きな板がまず手に入り、この素材を生かそうとして、これらのベンチが作られたことを想像させる。松本氏のベンチでは一枚板をそのまま使うのではなくて、表面をノミできれいに削っており、しかも、ノミ跡を美しく残すように仕上げている。また、園田氏のベンチはケヤキが使われている。ケヤキはもともと木目が非常に美しく出る素材である。そのことを十分に生かして、板の模様の美しさを表現している。

図4｜それぞれ松本勝行（左上）, 園田勝幸（左下）, 酒井隆司の「ベンチ」（右）

図5｜木村毅「流木の椅子」と「一本脚の流木の椅子」

図4右は、酒井隆司氏製作のベンチだが、同じ一枚板でもさらに木目を際立たせるために、漆が塗られていて、たいへん綺麗な素材の特質が強調されている。木の木目の表情と同時に漆の光沢をうまく使っている。

木目以外にも素材の魅力をみることのできるものがある。自然の風味を活かすような素材を使っているものとして、木村毅氏の流木椅子がある（**図5**）。水と風に晒された木材の風味が出ている。木材は安定するまでに時間がかかるといわれているが、このように自然に晒されて自然の乾燥に従った素材は、かえって強さがあって、合理的な素材となると考えられる。長年雨風に晒されて残った部分は、非常に堅牢な素材として残るために、丈夫さという特質を持つことになる。

椅子展の製作者の方々は、このような素材への関心を持っていて、サクラやナラやクルミやクリなどの木材をストックしていると聞いている。なんとかして、「自然を自分の椅子に取り込みたい」ということだろうか。

製作者には共通に、椅子の原材料・素材に対する関心の深さがみられる。このことは椅子製作だけに限らず、「つくること」に付随してつねにみることができる点である。このように、製作者と素材との間には、椅子製作をめぐって密接な関係がみられる。

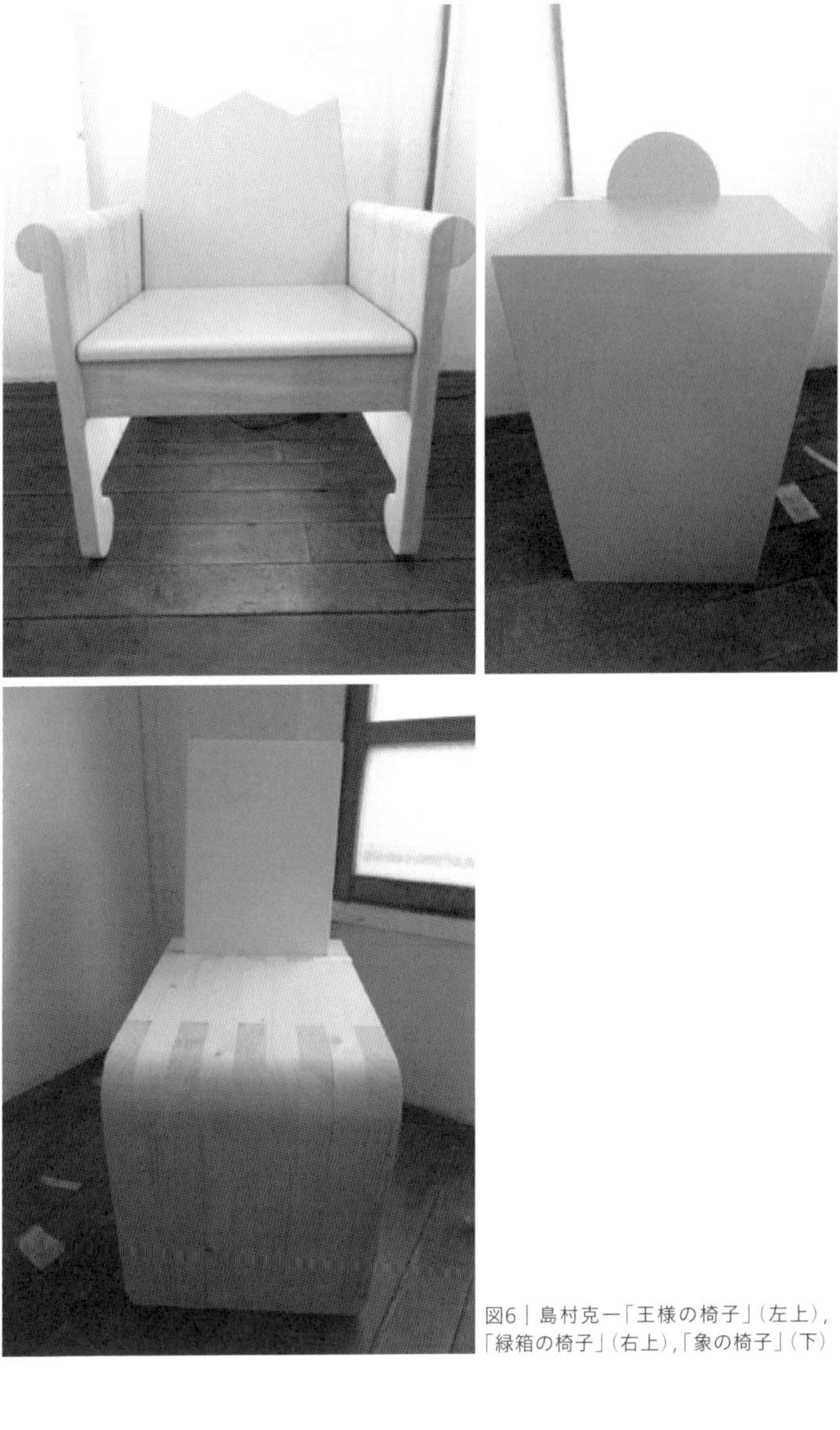

図6｜島村克一「王様の椅子」（左上），「緑箱の椅子」（右上），「象の椅子」（下）

つくるという呼応関係

つくることにおいて、「素材が先か、椅子のイメージ・アイディアが先か」という有名で、かつ普遍的な問題がここにある。古代ギリシアの時代から、「質料形相問題」として知られている問題である。[3] 椅子の製作者は、素材に出会ったから椅子を製作するようになったのか、それとも製作者のアイディアが浮かんだから、それに合わせて素材が選ばれたのか、という問題である。**図6**の島村克一氏の三枚の写真をみるとこの問題がよくわかる。先ほどの木村氏の場合、おそらく流木に出会って、それを素材として利用しようとしたことが先んじて、その後で、この流木に合うような椅子の構想が練られたのだと想像される。これに対して、この三枚の写真では、デザイナー出身の島村氏は、アイディアが浮かんでから、それを素材に落としていったという経緯をみてとることができる。島村氏は素材は木であってもよいし、ほかの素材であってもよいのだが、あえて木に挑戦して自分の持つデザイン力を椅子に応用したといえるものだ。形自体がユニークであるのはみればすぐわかるのだが、写真の「王様の椅子」では黄色、「緑箱の椅子」では緑色、「象の椅子」では白色の色が塗られたり、さらに「王様の椅子」では座面下に照明が付けられたりしていて、色と形の両方で、デザイナーとしてのアイディアを前面に出している。

製作者はどちらの主義をとるのだろうか。この問題は椅子製作では永遠の問題である。結局のところ、どちらが先かと問うよりも、どちらが先であっても、両方の要素が嚙み合って、最終的な椅子製作に結びついているという点が重要なのだと思われる。

この問題を現代に問うている哲学者のインゴルドは「つくるとは、対応していくプロセスなのだ」と指摘している。[4] 素材であれ、アイディアであれ、どちらが先であっても、椅子づくりは製作者と素材との間で、製作の都合に合わせて、それぞれが「対応していくプロセス」なのだといえる。このように、製作者と素材との間にある呼応関係は、なぜ椅子をつくるのかという理由の一つとして重要な意味を有している。

2.「技能」の発揮

なぜ椅子をつくるか、ということについて、製作者側の最も大きな理由の一つに、製作者が習得してきた「技能」をいかに発揮するかということがある。もちろん、製作者たちはみずから表立って「椅子をつくるのに、わたしの技能を発揮しています」などという人は一人もいない。むしろ、隠された技能として存在する。椅子をみてもどこが優れているのかが一見ではわからない。本人たちが見せびらかすのではなく、あえて隠しているような技能の発揮がある。けれども、木工を始めたばかりの素人と比べると明瞭な違いがあって、それは明らかに技能の熟練を表しており、この椅子をつくるための技能が椅子をつくりつつ獲得されてきたことがわかる。つまり、隠れたところで目立たないのだが、いわれてみると確実に理解できるような技能の発揮がみられる。[5]

暗黙知としての技能

椅子づくりの技能には、椅子に付着して表立って現れる技能よりも、むしろ目にみえない部分における隠れた技能が数多く存在する。[6] これらの技能の中には、それを実際に製作者たちは身につけているにもかかわらず、その製作者たちにも明確にあるいは意識的に認識されているわけではないものもある。本人たちは、「刷り込まれている」とか「暗黙のうちに」というのだが、手仕事の伝統の中で、知らず知らずに受け継がれてきている技能である。

図7に三人の木工作家の椅子写真を掲げている。いずれもねじ釘を使わない手練れの椅子であることは外見だけでもわかる。一つずつみていきたい。まず、奥田忠彦氏のウィンザーチェアでは、目につくのが笠木からアームにかけて、一本の木で流れるような曲線をつくっているところだ。どのようにして木が流れるようにつくられ、なぜ大きく曲げることができるのだろうか。それが普通にはほとんどわかりにくいところだと思われる。これはラミネートという技術を使って、薄い板を重ね合わせて、それを接着して一本の木であるかのようにみせかける技術が使われているのである。

二番目の写真は、藤原哲二氏の踏み台のような椅子である。これは一見、何の変哲もない椅子

図7｜奥田忠彦「ウィンザーチェア」（左）, 藤原哲二「踏み台の椅子」（右）, 金澤知之「スツール」（下）

図8｜羽柴完「ラスティックチェア」

だが、薄い板を巧みに組み立ててある方法や、細かいところでは蟻組みという繊細な技術を駆使していることがわかる。ここでは、微妙な角度をつけて板同士が組まれているのだ。三つ目の金澤知之氏のスツールは、三本脚を三角形の貫でつないでいる。写真でわかるように、それらの貫が一体化しているので、脚と貫とをどのような形で組んだのかはただちに明確にわかるわけではない。じつは、脚が二本のパーツからできあがって、最終的に一本にみせかけているのだが、それはただちにはわからないようにつくってある。この仕掛けがどうしてできているのかなという不思議さがある。いずれも、みえないところに工夫があるのだが、目立つような技能を感じさせない、隠れた熟練の巧みさが出ている椅子である。

椅子展の中で、このような技能のあり方について、さらに具体的なケースをみてみたい。たとえば、椅子展出展者の羽柴完氏は、ウィンザーチェアの中でも、ラスティック型と呼ばれるタイプを長らくつくり続けてきた。この技については、言葉に表すことができないような経験が含まれている（図8）。

前述のヒアリング調査のときに、羽柴氏がラスティックチェアをつくるのに、当時は完全に「頭いっちゃっていた」という、一生懸命のあまり、過度に仕事に没頭することを表す表現を使ったのを鮮烈に覚えている。そして言葉を続けて、「デザイナーのデザインでなく、手づくりの温かみや雰囲気が自分ならではのものだ。ラスティックチェアはオレのセンスなんだ。深く考えなくても、図面を引かなくても、感覚だけでつくってしまう」とも述べている。この「感覚だけでつくってしまう」という表現には、すでに頭の中に図面があるので、図面をみなくても自然につくってしまうという、いわば暗黙知というのだろうか、そのような技能のあり方が含まれているといえよう。製作者の持つ技能の特性が出ているといえる。言葉に表すことは困難なのだが、「つくること」の行為の中で発揮される、この暗黙知のような知識・技能のあり方が重要なのだ。ヨーロッパの啓蒙主義時代の百科全書派の認識で、このような職人の示す製作者本能を描写している「静かなる勤勉（calm industry）」という言葉は、まさに仕事に没頭する職人の特性を意味している。[7]

「台形シートの謎」

羽柴氏の例は、個人的な職人技の話なのだが、製作者の多くにみられる傾向として、集団として観察されるような、共通する「技能の発揮」の例も挙げることができる。それは、椅子の座面に関するものだ。「台形シートの謎」と呼んでいる現象である。前章でも、近代椅子のレニ・マッキントッシュの梯子状のハイバックチェアを取り上げたところで、台形シートについては注意喚起しておいた。この現象はグレイン・ノート椅子展の椅子にもみることができる。なぜ台形シート現象が存在するのかについて、椅子をつくるという観点からここで考えてみたい。

台形の座面を持つ椅子の例は、椅子展でも数多くあげることができる。一人掛けの椅子の多くでは、とくに椅子の専門職人がつくる椅子で、この「台形シート」が特徴となっている。家具工房で数年間を暮らし、実際に職人技をそこで身につけてきた木工家がつくる一人掛け椅子は多くの場合台形シートとなっているが、デザイナーとして後から椅子展に参加するようになった方々の多くは、座面についても自由な発想でつくり、台形シートに拘泥しない場合が多い。これらの差異はほぼ無意識のものなのだが、くっきりとした明確な違いが存在する。

写真で座面を上からみると、後ろの臀部が置かれる部分が狭く、大腿部が乗る前方部分の座面が広くなっており、全体として座面が台形を形成している（図9）。前章でみたグラスゴーのマッキントッシュのハイバックチェアのように、極端なものは少ないが、ほとんどの一人掛け木製椅子は、前広がりの形状でつくられている。写真の椅子をざっと挙げていくと、ジオ・ポンティの「スーパーレジェーラ」であるとか、あるいは「ハイパーチェア」、マッキントッシュのもの、そして「ピーコック・チェア」、ハンス・ウェグナーの椅子だ。トーネット椅子でも初期には座面は丸形だったのだが、途中から丸形であっても台形の座面を採用するようになっている。それから「Yチェア」、そして「シェーカーチェア」もすべて台形の座面を持っている。

もちろん、スツールやデザイン椅子などでは、座面が台形であるという法則性はあまりみられない。けれども、自宅の食堂椅子から会社の事務椅子に至るまで、本格的な木製椅子ほど、見事

図9｜名作椅子の座面.「シェーカーチェア」(最上段左),マッキントッシュのハイバックチェア(同右,以下順に),「ス[illegible]パ[illegible]レジ[illegible]ュ[illegible]テ」「Yチェア」「トーネットNo.14後期」「ピーコック・チェア」「トーネットNo.4後期」「J39」.

なほどに座面が台形シート状態を形成していることがわかる。なぜ一人掛けの木製椅子の座面は、台形につくられるのだろうか。

実際には、座面を台形にするには、長方形や正方形などの直角の角を持つ座面よりも、製作の際に時間と費用がかかることが知られている。それは、座面の裁断が斜めになるからという、単純な理由からではなく、ひとたび角を直角から台形にした途端に、椅子のすべての構造が違ってくることになるからだ。貫が斜めに入らなければならなくなることなどが作用することになる。ところが、それにもかかわらず、このように手間がかかる台形シートが選ばれるのはなぜだろうか。理由は、前述したように、またあとの章でも詳細に考察するようにいくつか考えられる。第一に、遠近法的なデザインとして、前が広がった方が「安定性」があるという理由がある。第二に、尻は動かないが、「足を自由に動かせる」ように座面が広がっているという機能的な理由も挙げられる。もう一つ、第三に、十六世紀にフランスで流行った「カクトワール（おしゃべり）」椅子に由来するという理由もある[8]。

効率性と「つくる」習慣

けれども、重要な点は、これほどまでに持続されてくることを説明するのに、製作者からみると、これら三つの理由がそれほど大きなあるいは決定的な理由ではないという点である。むしろ、重要な理由がないにもかかわらず、伝統的に職人の間に無意識に刷り込まれてきているということ自体に注目が必要なのだ。それほど重大な理由がないにもかかわらず、ほぼすべての椅子職人が台形シートの伝統を守っていることが不思議なのである。つまり、製作者の間に、技術・技能というものの製作上の仕事習慣・思考習慣が存在しているということが観察できるということだと思われる[9]。

このことには、人間はホモ・サピエンスではなく、ホモ・ファーベル（Homo faber）であるという考え方が、近代が進行するその最中に提示されたことと関係してはいないだろうか。ホモ・ファーベル、つまり人間は考える動物というよりも「つくる」という行為特性を持った動物であるという考え方である。このホモ・ファーベルという考え方は、どこに由来するものだろうか。

ホモ・ファーベルという人間の位置付けが最も早く現れたのは、十九世紀の哲学者H・ベルクソンである[10]。彼によれば、人間の知性は道具をもって現れたことで発揮されるようになったとされる。機械を発明し、道具をもって人工物をつくり出す限りにおいて、人間は上記のような「思考習慣」を持つ知的な動物でありうると彼は考える。人間は「良くあることを生きる」という、ベルクソンをはじめとする「生の躍動」を信じる「生の哲学」の人びとの考え方がこの時代にあった。たとえ大量生産体制や分業体制の下にあっても、製作を目指す人びとには共通にみられる特性である。人類は「つくる」動物であり、そのとき、道具を使用するが、この道具を使うための技術・技能を必要としていた。

だから、決してホモ・サピエンスがホモ・ファーベルの上位にあるという考え方にしたがったわけではなかった。人間はつくって、後に考えることができるようになったのではなく、考えつつつくることを行っているのである。もちろん、技術や技能に効率性が求められたことは確かであるが、人間が技術や技能を使用する理由は必ずしも効率性に限られるわけではない。技術の語源となった「アルス(ars)」にじつは芸術の意味も含まれているように、数百万年の歴史の中で、人類が「握斧(hand axes)」という石器を使い始めてから、道具には単に機能的で効率的な意味が求められただけではなく、装飾的で享受的な意味も求められてきた。翻って考えると、前述の「台形シート」がなぜ採用され続けているのかという疑問も効率性だけで答えられる問題ではなく、つくることに内在する思考や感性の問題であることも理解することが重要なのである。[11]

3. 椅子製作の「自由さ」

なぜ製作者たちは椅子をつくるのだろうかということについて、製作の自由さという観点から考えてみたい。椅子には、座るための構造として、丈夫さ・安全性などを守るという制約条件があるが、これらの基本的な構造さえ守れば、逆にいえばそれ以上の製作には自由が許される。[12]

「生活の中では、椅子はもっと自由なものだ」と前述の指田氏は主張している。椅子は衣服の次に身体に接する道具であり、そこでは個人差がある。一人ひとりの体型も異なるし、寸法も違うし、さらに使われる環境も異なる中で、それに対応するには、椅子はもっと自由につくられるべきだ。つまり、多様さが必要だと考えられる。場面場面では、使われ方によって座られる椅子が違って当然だと思われる。

製作者の自由さ

森山憲二氏と小山利明氏の椅子は、このような自由さを体現している。まず森山氏の椅子は、「これはほんとうに椅子なのだろうか」と思わせるような形をしている。写真の椅子は、二通り三通りの座り方のできる椅子であり、しかも、座らないときでも、そこに置いてあるだけで、オブジェのような椅子といえる（図10）。はじめみたときには、座れるのかと疑問に思った。ところがこの二つの座板の間に座骨が挟まって、痛いところにはまともに当たることなく、意外なほど座りやすいのだ。もう一つの小山利明氏の椅子も、座り心地はもちろんよいのだが、それ以外に座ってないときの存在感と、それからなんとなく醸し出されている雰囲気があり、面白い椅子になっている。これらの椅子には、椅子というものの考え方を広げるような自由さというものがある。

椅子製作の自由さを指摘する考え方に次のような意見もある。[13]「ライブ・エッヂ（live edge）」と

図10｜小山利明「ルドルフ2世チェア」（左），森山憲二「椅子」（右）

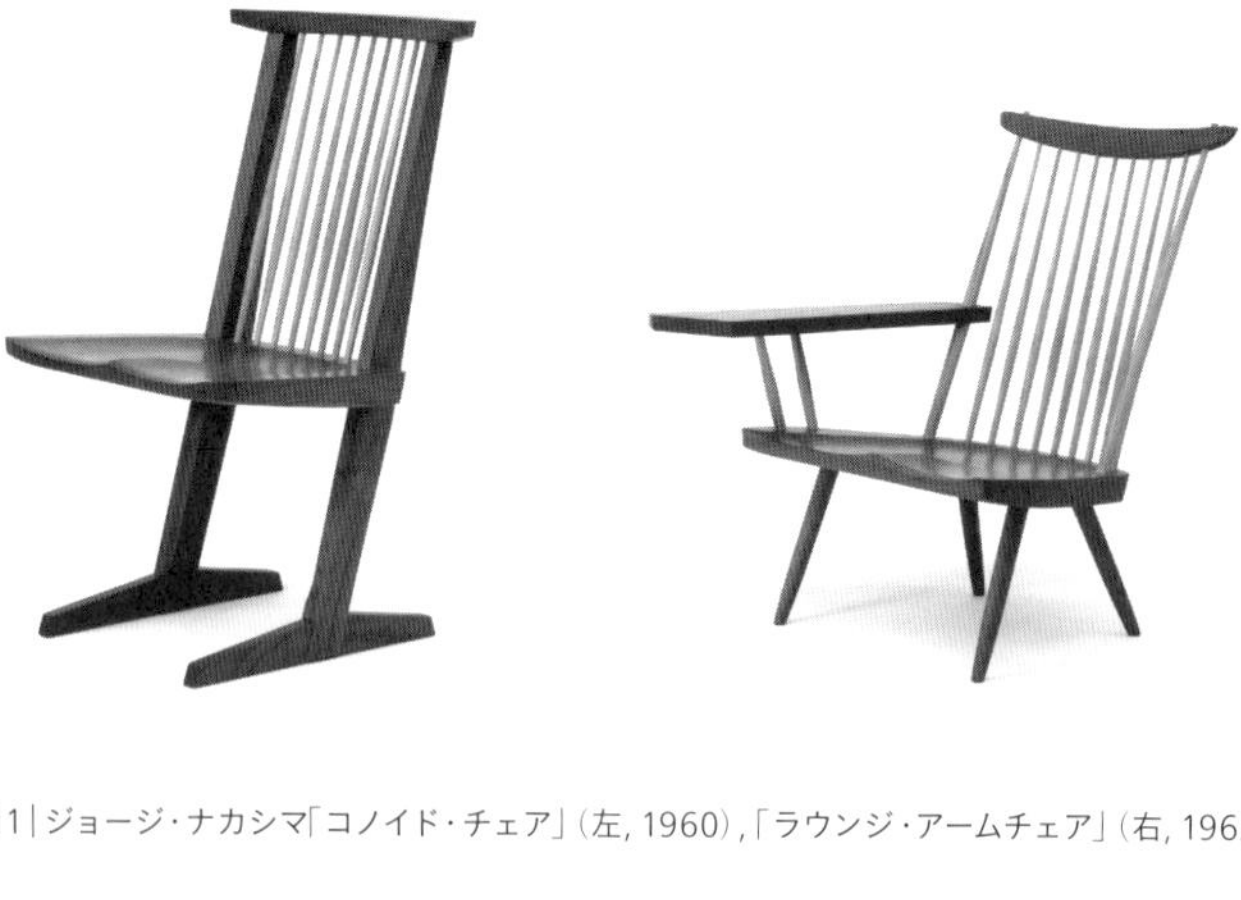

図11｜ジョージ・ナカシマ「コノイド・チェア」（左, 1960），「ラウンジ・アームチェア」（右, 1962）

いう考え方だ。そもそもこのライブ・エッヂという考え方は、木工の用語であり、一枚もののテーブル板で端を生かした加工を行うデザインを示していた。米国の椅子作家ジョージ・ナカシマが自然木の端を生かした椅子・テーブルで「ナチュラル・エッヂ」の作品を作成した（図11）。このナチュラル・エッヂはすなわちライブ・エッヂなのであったのだが、それから進んで、ライブ・エッヂという言葉は、境界の決定が生きて変化するような状況を受け入れる製作の態度を表すことになったのである。製作者の意図を含みつつも、使用者の意図も反映しつつ、さらに境界にしばられず、自由に超えて生かすような製作者の本能を表現するものとして、ライブ・エッヂが職人に浸透したのである。このナカシマの作風からヒントを得た作品で、椅子展では、牧瀬昌弘氏の作品がある（図12上）。この椅子は、ジョージ・ナカシマの示したナチュラル・エッヂの考え方から強い影響を受けている。座板の前後の側が、それぞれナチュラル・エッヂになっており、木の外皮のカーブをそのまま生かして椅子にしている。自然を椅子に取り入れており、樹というものの在り様そのままを生かす形になっている。

ライブ・エッヂという自由さ

このライブ・エッヂという言葉を紹介しているのは、セネットの著書『クラフツマン』である。その中で、オランダのアルド・ファン・アイクがアムステルダムの遊び場（playground）を第二次

図12｜牧瀬昌弘「ラウンジチェア」（上），藤原哲二「北欧モデル椅子」（下）

大戦後に七百箇所以上つくっていたことが紹介されている[14]。たとえば、そこで遊び場をつくるときに、砂地と草地との境界を曖昧なままにしておく。そして、子どもたちがそこでどのような遊び行動を行うのかは、子どもたちに決めさせる。このように、いわば「計画された曖昧さ」を意図的に遊び場に配置したのである。この「計画された曖昧さ」こそ、ライブ・エッヂに相当すると、セネットは指摘している。これは、椅子の自由さを考える上でもたいへん面白い考え方である。このような曖昧さを計画的に、しかし暗黙にセットするということは製作の過程では実際問題としてかなり起こることである。ライブ・エッヂという考え方は、椅子製作でも適用可能な考え方だといえる。

製作者へのヒアリング調査の中で、出展者である藤原哲二氏は、「木は動くんだ」という言葉で、椅子を製作していても自然の制約を受けることを主張している。すなわち、木による椅子製作では「制約による不自由さ」と「制約からの自由さ」とが現れることを述べている。木は、切られてからも絶えず動いて生命力を誇示する。そして、その境界線上で自然を活かす自由さを要求してくるのだ。機械生産で機能だけを追求するのではなく、自然を生かすことが椅子製作の自由さにつながるといえる。

たとえば、藤原氏の製作した椅子で、北欧の通信販売で売られている椅子を作り替えたものがある（図12下）。通信販売では、使用者が簡単に木ねじで自分で組み立てられることができるようにキット販売されていた。けれども、藤原さんはそのモデル・デザインだけを受け継いで、木ねじ部分をわざとほぞ組みで作り替えたのだ。機械生産を手づくり生産に置き換えることで、不自由さがかえって、美しさや自由さを生む源泉となりえたといえる。

この章では、なぜ椅子をつくるのか、というテーマについて考えてきた。章の冒頭で述べたように、椅子製作は、製作者と椅子と素材との関係を持っていると考えることができる。「なぜ椅子をつくるのか」という問いに対する答えには、これらの関係性に応じて、製作者の考え方が現れるといえる。製作者は、第一に素材との関係で、素材の性質を重視しながら製作にかかる。第二に、製作者は椅子との関係で、技能を発揮して製作を行う。そして第三に、椅子は素材や製作者との関係の中で、製品・作品として、独自の自由さを発揮するような領域を獲得していくことになる。

第五章　椅子に何を求めるか

椅子と使用者

この章では、使用者の立場から、椅子を眺めたい。前章でみたように、椅子の全体的な製作は、製作者と椅子の関係と、使用者と椅子との関係が相まって成立すると考えることができる。続くこの章の内容は第四章**図1**の左半分で描かれている部分である。椅子使用者の立場からみると、椅子の使用過程において椅子と使用者との相互関係が成り立っている。椅子は休息の道具として生活の中に定着してきているが、単に座るだけの道具ではないという点に注目したい。

第四章と同様に、この章でも長野県松本市で開催されているグレイン・ノート椅子展を取材し、椅子の使用者は椅子に何を求めるのかという視点からみていくことにする。[1] 二〇一八年に開かれた椅子展に於いて、椅子展を訪れた観覧者三十組四十八名にわたり、ヒアリング調査を行った。その調査結果や出展者である製作者へのインタビューを交えながら、椅子の使用者の立場からみた椅子の座り心地・デザイン・使用者の考え方などについて考察したい。前章と同様に指田哲生

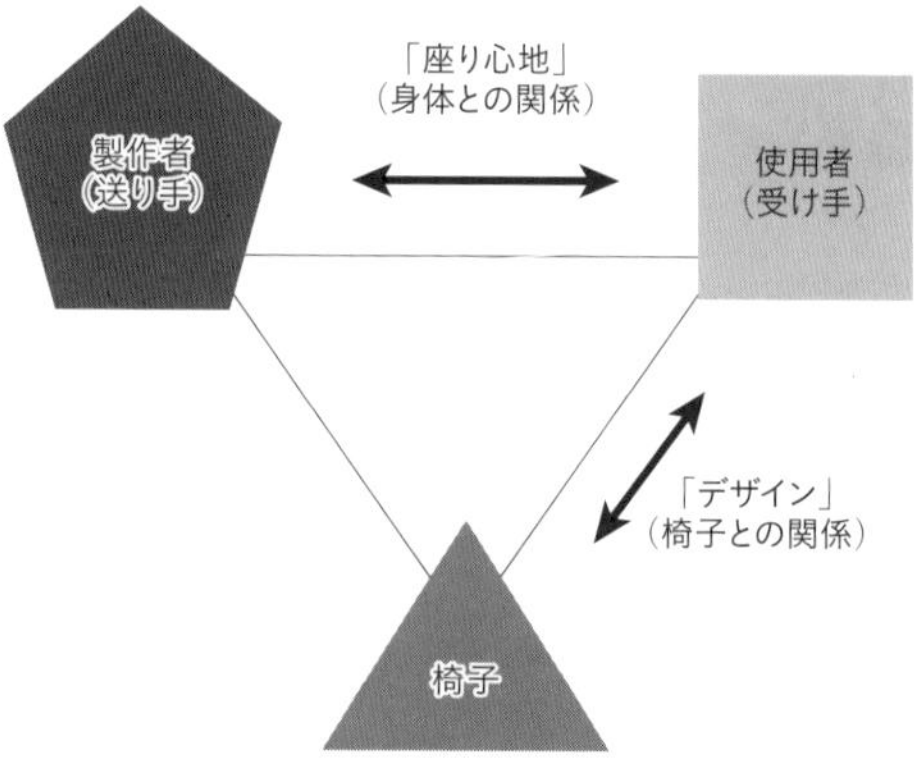

図1｜椅子使用の関係図

氏にこの章でも話を伺いながら進めていくことにする。「椅子に何を求めるか」という椅子の使用者の環境についてのヒアリング調査結果によると、次のような椅子使用のポイントがあることがわかる。

1. 座り心地
2. 椅子のデザイン
3. 椅子の価値

椅子の使用者は、第一に使用者の身体と椅子との関係で、「座り心地」の性質を重視しながら椅子を利用している。第二に、椅子の「デザイン」との関係で、嗜好を加味して椅子を利用している。そして第三に、椅子は座り心地やデザインとの関係の中で、製品・作品として独自の領域を獲得していくことになる。ここでは、椅子利用の価値という観点を取り上げる。上記の第一の関係から考えていくことにする。

1. 座り心地

椅子展に参加する多くの人びとが、最もよく口にする椅子利用の状況を表す言葉は「座り心地」である。製作者・デザイナーの小山利明氏が椅子の利用者について、次のように述べていたのが印象に残っている。「お尻が痛いのは椅子の永遠の課題であって、触れるという実在が良いのだ」と。

確かに、尻つまり臀部による触覚は椅子に座るときには重要な問題である。長期的には椎間板や骨盤の傾きから腰痛へ影響を与える場合もある。[2] この痛さという問題があるからこそ、椅子に座って触覚が意識され、椅子が工夫され面白がられるという面をもっているといえる。上から加わる重力という垂直の力に対して、座面で臀部を支えることで椅子へ座るという現象が成り立っており、このことは、椅子というものが椅子使用者の身体問題を抱えていることを伝えている。

当たり前のことなのだが、椅子が存在するだけでは座るという人間の動作それ自体の目的は達成することができない。椅子の座面に人間の身体が接することで、はじめて「座る」という動作が完結できる。このことが、「お尻が痛くなる」という椅子の永遠の身体問題の本質に存在する。つまり、お尻というものの参加があって、はじめて座るという行為が成立することになる。そして、このとき臀部という身体の一部が、その身体の一部を提供する使用者という存在が、椅子に関して、発言力を持つことになる。

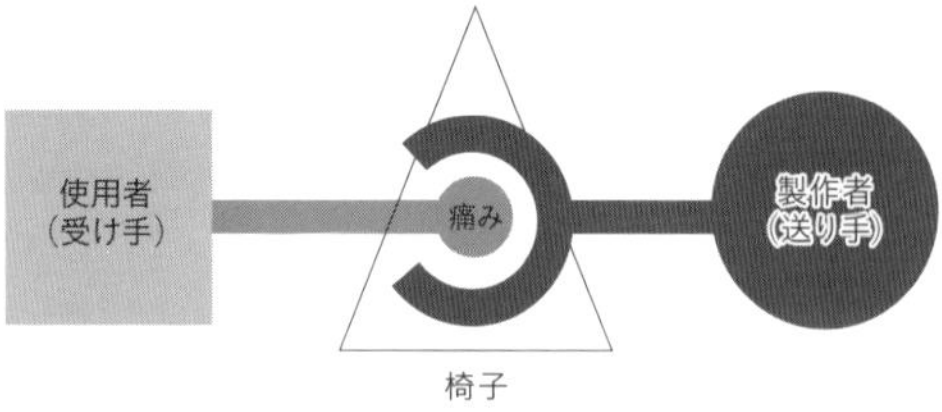

図2｜痛さを取り込む関係

使用者が「痛さ」を感じることが認識されると、製作者と使用者との関係に変化が生じる。椅子の使用者は製作者との関係でいえば、それまでは技術的な知識で劣っていた地位に甘んじたのだが、この身体性問題が生ずることで、いわば使用者は製作者と対等の立場を確保する、あるいは対等の立場を主張することになる。ここに椅子の使用者によって要請される「座り心地」の問題が生じてくるのだ（**図2**）。

問題が生じたとき、おそらく最初に使用者が行うのは、「痛さ」を回避する工夫としてクッションを使ったりすることだ。そしてさらには、短時間しか座らない工夫をしたり、座る椅子を変える工夫を考えたりするのだ。もし長時間座る椅子を考えるならば、「座り心地」の問題は意外に深刻な問題となってくる。

「座えぐり」の工夫

椅子座面に施される「座えぐり」は典型的な「座り心地」の問題解決の方法だといえる。人間が座る姿勢を取ると、お尻には二つの坐骨が鋭く突起していて、座面に心地よく座ることを邪魔する。この坐骨への重心の集中を分散させる、椅子の工夫が座えぐりである。木の座面を程よくえぐって、坐骨への負担を減らし、大腿部などへ圧力を分散させることになる。

ここにいくつかの座えぐりの写真がある（図3）。谷口泉氏と羽柴弦氏の椅子は、どちらとも座をえぐって鉋で仕上げて、お尻の形に合わせるカーブを作っている。浅い深いは、それぞれの作家の個性である。他方、片岡清美氏の場合は、えぐるのではなく、二枚の座面の傾斜をそれぞれ別にして、お尻の当たる大きいところを、一番深く溝の状態にして、痛さを軽減するような方法をとっている。

座えぐりにも種類があって、「座り心地」ということでは、後ろ座り、横坐り、前座りそれぞれの負担軽減について考えられて、座えぐりで調整される。たとえば、横澤孝明氏のラウンジチェアでは、座えぐりはかなり深くにまで削られていて、後ろ座りタイプになっている。この椅子の注文主が片足の不自由な方で、深く腰掛けて、片方の足の座面が削り取られている設計の椅子として最初は作られたとのことだ。その後、このタイプを一般用に作成したときに、そのまま座面の深い形がデザインとして残された。

座面の工夫は、木製座面の座えぐりから、井草やペーパーコードによる編みの座面へと発展していくことになる。座面を編みにすることは、第一章でも紹介したように、古代エジプト時代から も行われていた、座り心地の技術としてはかなり普遍的なものとして知られている。たとえば、

図3｜片岡清美「くるみチェア」(上左), 谷口泉「ローアームチェア」(上右), 横澤孝明「ラウンジチェア」(下左), 羽柴弦「ウィンザーチェア」(下右)

ここに指田氏の椅子（図4）がある。指田氏は若いときに、一日五十枚にものぼる座えぐり作業を行った経験をもっているのだが、さらに座り心地を追求する中で、この写真のようなアームチェアや長椅子で、編み座面を採用している。

「座り心地」という観点からすれば、編み座面では、溝に坐骨が入り、その周りの盛り上がったところでお尻全体を支えられるようにすれば、坐骨への負担がかなり軽減されることになり、座り心地が良くなる。ここでも、いろいろな「座り心地」があることに注意すべきだ。椅子に求める「座り心地」が編みの種類によって異なることもある。

金澤氏と山形氏製作の座編み椅子の写真のそれぞれの一枚目（図4中左、下左）は、溝が十字に交差するタイプの座編みで、二枚目は、溝が横一列に長く交差するタイプの座編みである。正統的には、前者の編みが多いといえる。その後、二つの坐骨がピッタリ溝にハマった方が、身体の要請に沿った、心地良い編み方になると考えられるようになった。確かに、この溝が広いタイプでは、二つの坐骨の両方がこの溝にハマるために、臀部がピッタリ適合する心地良さがある。お尻の位置が完全に固定される編み方になっている。

ところが、ここでさらに、座り心地の基準に自由な座り方という観点を加味すると、一つの溝にぴったりお尻がハマった方が座り心地が良いのか、それとも、時間が経つにつれてお尻を動かして、坐骨の当たる溝がいくつもあった方が座り心地が良いのか、という座り方の多様な見方が出てくることになる。溝が十字に交差する方が、前の溝と後ろの溝の二つの座り方ができることになって、自由度が増すことになる。したがって、座り方に方向性を持たない椅子といえる。他方、溝の広いタイプでは、座る方向性が決まっているという特徴がある。何れにしても、ここで確認したいのは、椅子に共通に求めるものとして、「座り心地」という視点がありうることがわかったことである。言い換えれば、座るという椅子の役割は、座る人と座られる椅子との両方の調和によって成り立つという点が重要である。

2. デザイン

椅子は座ることに使用されるが、しかしまた、座ることだけが身体に接する機能として求められているわけではないということも重要な点である。視覚を重視して椅子を認識するのがデザインということになるが、このデザインの視点も椅子の使用者側の問題として重要である。二〇一八年に行われた椅子展観覧者へのヒアリング調査でも、「座り心地」に続いて、椅子の「デザイン」に惹かれる人が多かった。椅子を視覚的にみる人が意外に多いといえる。工藝に「実用」と共に、「美」を求めるという意味において、クラフツ文化の中で、デザインの問題は大きい。

じつは椅子のデザインに関しても、前述の小山利明氏の主張が印象に残っている。小山氏は

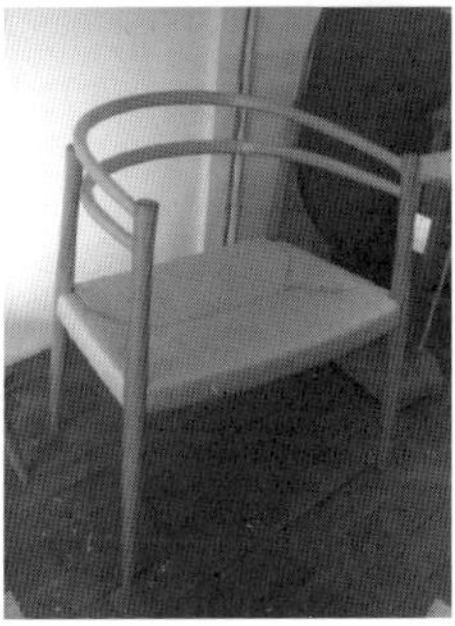

図4｜左上から順に指田哲生「Uアームチェア」と「ベンチ」, 金澤知之「スツール」と「ラルゴチェア」, 山形英三「ダイニングチェア」と「ラウンジチェア」

図5｜小山利明「レインボーチェア」（上左），「ハートチェア」（上右），「バンビーノ」（下）

「僕は木工家というよりデザイナーだ」といっていて、椅子には「シンボリックなフォルムがある」のだと主張している。ヒアリングでは、シンボリックなフォルムとして、馬の形をあげていたのを覚えている。馬を感じさせるような椅子のフォルムを造り、そこに人間の身体をイメージさせるものがあるという。このようなフォルムを重視するような椅子使用者には、デザインは重要な要素であるといえる。

小山氏は、**図5**の写真ではバンビーノという子ども椅子で、馬ではなく仔鹿のシルエットを体現し、子どもが好ましいと一番感じそうなデザインを実現している。もう二つ、デザイン系統の椅子を追加してみたい。一つはハート型の子ども椅子、そして、もう一つは虹の子ども椅子である。ハートの椅子では暖かいピンク色で塗られている。また虹の椅子では、レインボーカラーに塗り分けており、これらについても子どもが好むようなデザインと色が工夫されている。やはりどんなに遠くからみても、一目でわかるような、子どもが飛びつきそうなデザインを狙った椅子になっている。ここで使用者が子どもであるということが考慮され、その使用者がどのように視覚的にみるのかということを、小山氏は考慮しているといえる。

椅子における機能と装飾

じつはここにはフォルム、すなわち形態ということに関する、椅子職人と椅子デザイナーとの違いが反映されているのをみることができる。フォルムに関しては、椅子使用者ばかりでなく、椅子製作者も惹きつけられることはもちろんなのだが、惹きつけられ方が違っている。個人差はあることは承知なのだが、やはり椅子職人は伝統的に受け継がれてきた椅子の形から発想する場合が多い。それに対して、椅子デザイナー出身者は伝統から離れて、新たな形を模索することに発想を求める場合が多いといえる。このことは椅子の機能主義への考え方に反映されてきている。

著書『坐るを考えなおす（*Rethinking sitting*）』を書いたP・オプスヴィックは、この著書の冒頭で、椅子というものは、大きく二つに分類できると指摘している。[3] その二つとは、「合理的で人間工学的」か、あるいは「情緒的で表現主義的」かということだ。

問題は、今日の椅子使用の考え方が、機能主義一辺倒ではなく、表現主義的な装飾も重要な構成要素であると認められている点である。もっとも、今日の椅子は必ずしも伝統的な座り方をするものとは同一ではなく、立ちながら座ったり寝ながら座ったりするような、人間工学の最先端を行くような椅子も含んでいる。もちろん、椅子の形は、座るという人間の行為を支援する機能に従ってデザインされている傾向が強いことは確かである。「形態は機能に従う」という近代的デザインの機能主義の標語があまりに喧伝されたために、その後この傾向を否定するような反例が数多く挙げられてきている。けれども、近代かポスト近代かという考え方を別にしたとしても、以前から「形態は機能に従う」というのは、見事に椅子の機能主義的状況を言い当てている、と思わせる事例も数多くあげることができる[4]。

　仕事に使われる椅子の多くは、機能的でなければ、作業の役に立たないということが厳然として存在する。この点で、昔から椅子は「形態は機能に従う」ことを中心に作られてきている。たとえば、**図6**の写真は、ミルキング・スツール（milking stool）というタイプのスツールで、乳搾りのときに使われてきたものだが、一本脚でできていたり、三本脚でできていたりして、労働の作業現場で動きやすく、作業しやすい形態を持っている。把手を持ってすぐ移動し、ちょっと腰掛けることができる椅子である。また、後述（第七章）のドムスチェアは、学生寮で使われ、長時間座って勉強できるよう座面の前部分に傾斜がつけられ、前屈みに座ることができるように、機能的な配慮がされている。

「形態は機能に従う」という言葉は、建築家フランク・ロイド・ライトの師であるルイス・サリバンによって述べられた言葉であるが、その後機能主義的なデザイン思想に取り入れられた。機能主義的なシンプルさを好むモダンデザインの傾向を先取りしていた言葉であり、その後ドイツのワイマールなどに開校したデザインの学校バウハウスの標語のひとつとなった。

　他方、機能主義と並んで、近代の椅子デザインをリードしたのは、装飾主義の立場である。これは、機械生産をはじめとして、近代デザインの方向性を強めたのに対抗した動きを示した。そのことは椅子のデザインにも現れている。たとえばウィリアム・モリスなどのアーツ&クラフツ

図6｜指田哲生「ミルキングチェア」（左）
図7｜イルマリ・タピオヴァーラ「ドムスチェア」（右）

図8｜谷口泉「ファンバックチェア」（左），増山博「ノリチェア」（右）

あるいはアール・ヌーボーの椅子を第三章でみてきた。

それぞれの椅子に二つの傾向が同時に含まれているときもあるので、必ずしもすべてが装飾的というわけではないが、多少なりともこの傾向を持つ椅子をあげてみよう。椅子展に出展された谷口氏のファンバックチェアと増山氏のノリチェアである（図8）。デザインとしてみると、谷口氏の椅子は写真からわかるように、扇あるいは大きな葉をイメージして、それを背板としている。ウィンザーチェアタイプならば、一本一本スピンドルで分けるところを、一枚の板を扇状にして、カエデの葉のようなデザインを施している。アールヌーボーの影響を受けたスペインのガウディのような装飾性を持っている。そして、増山氏のノリチェアでは、笠木にフワッとしたものの意匠がみえる。空中に浮いている雲をイメージして、デザインに取り入れている。

デザインの役割

もっとも、ここで少し強調しておきたいのだが、いま、機能主義的な椅子と装飾主義的な椅子というのを対立させてみてきた。けれども、これは解釈によっては、かなり差異があり、幅のある考え方であるということは考慮しなければならないだろう。

たとえば、これらの椅子における機能主義と装飾主義の対比は、クラフツ文化の問題として捉えるならば、第一章でみてきた生活文化の中の実用性や反復性という問題が同時にデザインの問題として存在することがわかる。椅子展の奥田氏や日高氏の写真からわかるように(図9)、ウィンザーチェアやシェーカーチェアの伝統は典型例であり、椅子クラフツ文化の中で継続して受け継がれてきているのをみることができる。これらは、実用性・反復性を持っていることから芸術の基準からは枠外とされるかもしれないが、椅子クラフツの基準からすれば依然として美しいし、デザインとしても優れた点を持っている。装飾的にも優れているし、機能的にもみるべきところが十分にある椅子たちだ。

洋風と和風というデザインの反映についても、座り方と異なる、視覚的な視点が現れてくる点だといえる。藤牧氏のウィンザーチェアは、正統的なウィンザーチェアの作りを行っているにもかかわらず、どこか和風の雰囲気を身につけている。ここにも、椅子使用者の趣味へデザインが介入するという、表現主義的なデザインのあり方が作用を及ぼしている。同様にして、名作椅子の系統として受け継がれた椅子の世界でも、デザインが有効に作用を与えていることがわかる。

3. 椅子の価値

椅子の経済的価値、つまり椅子の価格は、どのようにして決まるのだろうか。椅子使用者は、椅子の価格に見合うような、使用の価値を椅子に求める傾向にある。使用者が自分の払った値段

図9｜奥田忠彦「ウィンザーチェア」（左）, 日高英夫「ダイニングチェア」（右）

図10｜藤牧敬三「ウィンザーチェア」

に見合うような価値を椅子から受け取ることができるかを問うことになる。そこで、椅子の価格や値段というものにはどのような要素が関わっているのかについてここでみたい。

クラフツ文化の一つの特徴として、柳宗悦がかつて「低廉性」という特性をあげたことがある。[5] すなわち、「安くて良い品」が工藝品の特徴なのだと主張した。そのときに彼は、「安かろう悪かろう」という言葉に注目した。まず、価格が法外に高く、さらに質が悪いという「高かろう悪かろう」は、価値観として論外だとして、また「安かろう悪かろう」というのも、結局購入しても無駄になるならば価格が高いことになるだろうから、この考え方も排除する。それならば、「高かろう良かろう」はどうか、さらに「安かろう良かろう」ならばもっと民衆のためになるだろうということになる。そして、多量に作り、反復による熟練、組織化と合理化による生産費の引き下げは、クラフツ文化の中でも低廉性を実現するに有利に働くであろうと柳は述べている。クラフツ文化では、「良い物」という基準が重要であることがわかる。

価格決定の三要素

椅子の「良い物」としての価格を決定するときには、三つの要素がある。原材料費、労働の手間賃、そして椅子の相場である。原材料費と手間賃は、供給側の要因である。それに対して、椅子の相場は主として需要側の要因だ。これらの両方の要因を考えなければならない。

とはいえ、なかなかこのような形式的な議論が成立するわけではない。最も難しいのは需要要因であり、椅子の需要は不確実で予想の難しい要因である。そして、さらに次の問題として手間賃の問題がある。たとえば、木工家が熟練すると、一日あたり二万円ぐらいの手間賃が妥当であろう。椅子を一脚作るには、アームチェアになると二週間から一ヶ月かかってしまう。たとえば、最短の二週間で完成したとしても、それだけで二十八万円になってしまう。しかしこの手間賃をそのまま、一脚の価格に転嫁できるわけではない。

そうなると、実際にやり取りする価格は、もっと下げなければならない場合もある。つまり、まともに正当な手間賃を取れないことになる。この手間賃を引き下げなければならない分だけ、何らかの方法で補わねばならないことになる。経済学的にいうと、ここで補助（subsidy）や補完が必要となる。学術・芸術の経済的生産の場合には、公共的な補助があるが、椅子クラフツ生産の場合には、この補塡は外には期待できない可能性が高い。この点については、終章でも考えてみたいが、自分で補う場合もあり得ることになる。

この章をまとめておきたい。この章では、「椅子に何を求めるか」という観点で、椅子使用者の立場からみてきた。この結果、第一に使用者からみると、座る機能を満たすためには、「座り心地」が大事であるといえる。ヒアリング調査の結果からも、この点を答える人びとが圧倒的に多かったことを指摘した。なぜ「座り心地」が重視されるのかといえば、座るという動作には、坐骨に体重がかかることによる「痛み」という不可避の不快がつきまとうからである。座って「快適」を求めているにもかかわらず、痛みによる「不快」を引き受けざるを得ない状況になる。椅子を利用するときには、「不快」を回避する方法が問題となることがわかった。座えぐりや座編みにその工夫が凝らされている。

第二に、椅子のデザインも、椅子使用者にとって重要な意味を持っている。椅子には、座る機能以外にも機能が存在するといえる。この中でも、視覚的な要素は重要で、座る機能に加えて、装飾的な機能が椅子には求められている。生活文化の中において、椅子クラフツが、実用性や反復性というデザインの問題を持っているからである。

第三に、椅子に求められるのは、生活道具としての価値に見合った働きである。そのため、椅子使用者にとって、どのくらいの費用がかかるかに椅子の価値はかかっている。椅子の経済的価値がどのように決まっているのかをここで確認した。

第六章　生活文化の中の椅子

生活の中の子ども椅子

この章では、子ども椅子、安楽椅子などのような生活の中で使われている椅子を取り上げたい。とくに、長野県松本市美術館などで継続して開催されている「子ども椅子展（はぐくむ工芸展）」を取材し、子ども椅子にはどのような特徴があるのかについて、この章でも指田哲生氏の意見を参考にしてみていくことにする。

椅子の起源をみると、一つは「王座」に代表される権力を象徴する椅子の系統があり、もう一つは職人たちが作業を行うために使われてきた「労働椅子」の系統がある。この二種類の椅子については、第一章で古代エジプトの事例をみた。これらの政治的・経済的椅子のような、単機能的な椅子ではなく、もっと幅広く多様で、政治経済目的以外の生活の中で使われる椅子が現代には数多く存在する。それを生活文化の椅子とここでは呼んでおきたい。生活文化の椅子は、単に座るという機能だけでなく、生活文化を形成する役割を持つものとしてのいわば全体的な作用の

図1｜はぐくむ工芸展（2016年, 松本市美術館中庭）

中で成立する椅子という役割を果たしてきている。代表的な生活文化の椅子として、ここでは遊びの要素など多様なあり方が定着してきている子ども椅子を取り上げたい。

1. 人間発達と生活パターンの視点

子ども椅子は王座や労働の椅子と異なり、生活の中で使われる椅子である。暮らしの中で、生活パターンが付着している椅子が存在するということが、生活文化の考え方にあり、とくに椅子クラフツに関係する生活文化は、その生活現場の状況によって影響を受けるといえる。椅子というものを媒介とした生活文化が観察できる点で特徴がある。ここでは事例として、生活文化の中で発達した「子ども椅子」に注目してみたい。

ところで、子ども椅子とはどのような椅子だろうか。名称どおりに受け取るならば、子どもが座るための椅子とい

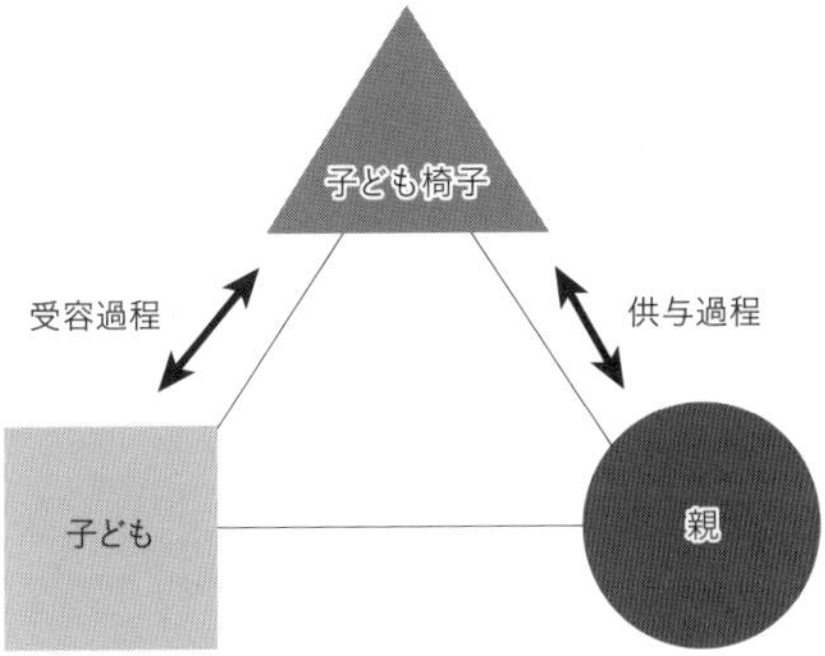

図2｜子ども椅子の関係図

うことになるが、どのような状況で子どもが座るのかが問題となる。子どもの座る環境を整えるのは、親ということになるので、子ども椅子は結局のところ、親の生活環境にかなり左右されることになる[1]。

生活の中で、親と子どもをつなぐ役割を持った子ども椅子がある。子ども椅子は、子どもの成長にあわせて使うことになるのだが、その生活環境をどのようにして親が整えているのかに依存している。つまり、親子関係が、子ども椅子に投影されて現れているのをみることができる。

子ども椅子には、大人の椅子を子ども用に単純に縮小しただけではなくて、大人が子どもに、どのように育ってほしいと思っているかというような、子どもの発達に合わせたライフ・スタイルが現れているとみることができる。やはり、生活の中で生まれてきた椅子の一種であり、親の気持ちや感情が表現されたものではないかと考えられる。

子どもの側に立った椅子

最初の写真は浅村治利氏の子どもソファである（図3上左）。子ども専用のソファは、現代にあっても、あまり日本の生活の中では使われることはないが、やはり子どもの側に立った生活文化の視点からはこのようなソファが存在しても良いのではないかという提案はありうる。大きな大人用のソファを単純に子ども用にスケールを縮めたのではなくて、製作レベルを大人用ソファと同等に保ちながら、子ども用にあえて作り替えたものを製作したといえる。だから、バランスをみると大人のソファとはかなり違って、クッションの部分が大きく感じられるかもしれない。二人掛けという点で、子どもの椅子の多様性を出しており、この椅子なりの良さとなっている。子どもだって二人並んで遊びたいし、親だってそのように育って欲しいということだ。

次の二枚の写真は、牧瀬福次郎氏製作の座編みがかかっている子どもベンチの例である（図3上右）。ふつうは編み座という座面は、子ども用にしてはちょっとやり過ぎで贅沢だと思われる。子ども椅子は一時期のものであるという先入観がある。けれども、子ども椅子のレベルをワンランク上げたような感じを醸し出すために、あえて座編みを子ども用ベンチに取り入れている。大人椅子と比べても遜色ないレベルの子ども椅子になっている。もう一枚の写真でわかるように、親子二人で座っても大丈夫な、かなり堅牢であるという特徴がある。親子関係が、ベンチの座りに表れている椅子になっている。

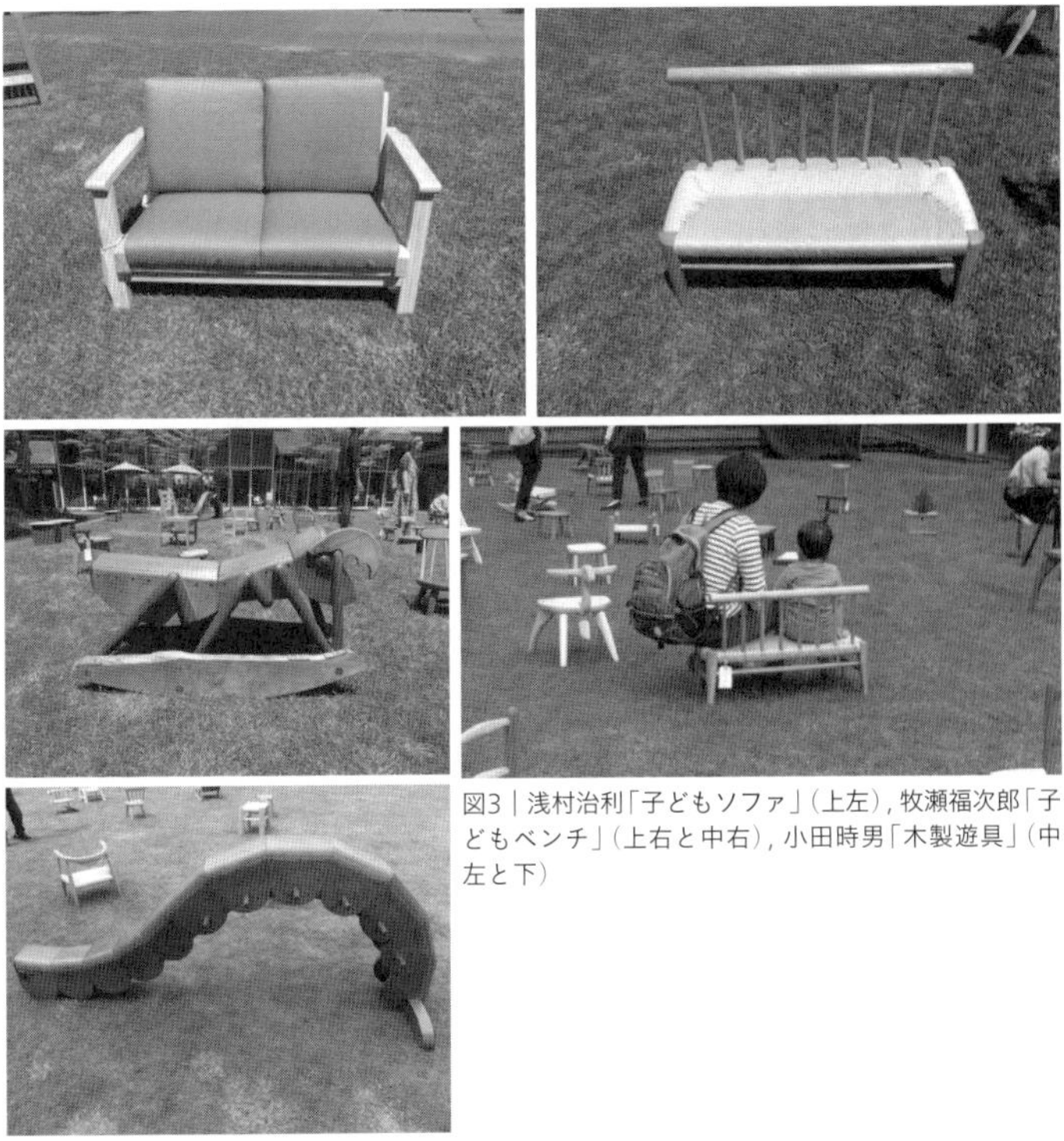

図3｜浅村治利「子どもソファ」（上左），牧瀬福次郎「子どもベンチ」（上右と中右），小田時男「木製遊具」（中左と下）

図4｜19世紀に使われていた教育用の子ども椅子

それから、やはり子ども椅子の代表選手として、遊具というジャンルがある。遊びの道具としての子ども椅子として、ここでは小田時男氏の作品を掲載している（図3中左、下）。他ではみられないぐらいユニークな遊具となっている。イモムシの形の滑り台、それからバッタの形のシーソーである。リアルに虫の形を表しながら、同時に実用的に使えるように工夫されている。子どもにとっては少し大きなサイズで作られていて、人目を惹くいい作品になっている。会場で目立つため、まずは子どもたちを呼び寄せる役割を果たすこともある。前章までみてきたような、伝統的な貴族の椅子や労働の椅子とは系統が違った新たなタイプの椅子の文化というものが、表れている椅子となっている[2]。

松本民藝家具を興した池田三四郎の著書『三四郎の椅子』の中には、子ども椅子のハイチェアで、座ることの教育用に作られた十九世紀の子ども椅子が紹介されている[3]（図4）。日常生活において、親のパターナリズムが発揮されたことが想像される。たとえば、クーパー博士の子ども椅子が典型例である。クーパー博士は、十九世紀英国の整形外科医で、子どもの姿勢をこの椅子に合わせて矯正したと前述の『三四郎の椅子』で紹介されている。このような医師や親のパターナリズムの表れとして、教育用の子ども椅子がかつては存在していたということが理解できる。言い換えれば、十九世紀の欧米中産階級では、子どもの姿勢を保つ工夫や親の日常生活に合わせるための子ども椅子が求められたといえる。子どもの成長に合わせた教育用の椅子が、子ども椅子として選ばれていくことになったと考えられる。

いずれにしても、子どもが椅子がどのような環境で使われるのかを想定しながら、親は子ども椅子のタイプを選ぶことになる。もちろん、このように親の視点から選定される子ども椅子も重要ではあるが、子どもの視点からの子ども椅子もありうる。つまり、大人の目線に合わせるようなハイチェア型の子ども椅子文化もあり得て、大人の部屋との調和を考えるような椅子のデザインも大事であるし、他方において、子どもの成長や発達を考えて、状況にあった椅子を選ぶことも必要である。

かなり以前から、幼稚園や保育園に子ども椅子が導入されてきている。乳児段階で座る子ども椅子、一歳段階で座る子ども椅子、二歳、三歳、幼児段階で座る子ども椅子など、編成されるクラスごとに異なる子ども椅子が用意されているところもある。この点で、子ども椅子はすでに家庭だけで利用されるのではなく、教育の現場で必須の生活用具として機能しているのをみることができる。

図5に掲げた写真は、キュービックチェアという谷口泉氏の子ども椅子である。全体が立方体の椅子であるが、使い方によって三種類の座り方ができる。最初の写真（**右上**）は、一番低い座り方で、幼児つまりまだ一歳未満の子どもが座るとき、前に出てしまわないように、棒で仕切りが作られている。赤ちゃんが椅子から落ちないように工夫されている。

図5｜幼稚園の子ども椅子、谷口泉の「キュービックチェア」

次の写真では、椅子が上下ひっくり返して使われている（下）。おおよそ三歳から五歳ぐらいまでの子どもが座れる高さの椅子に変わる。それからさらに、九〇度傾けると、今度は大人でも座れるスツールのような椅子になる（左上）。まさに人間が成長していくのに合わせて、多機能的に一つの椅子が変化していく。この子ども椅子の形態変化とともに、人間が発達していくという、たいへん面白い椅子になっている。

子ども椅子の拡がり

同様にして、少子化の時代になり、子どもに対して意識を持つような生活スタイルが浸透するにしたがって、子ども椅子にも多様な使われ方がみられるようになり、種類も豊富になってきている。子ども椅子の使われ方による種類には、ローチェアとハイチェアがある。ローチェアは、子どもと子ども椅子との関係が重視されたものとして使用されている典型的な例である。リビングや子ども部屋で、自由に座ったり遊びの補助具として使われたりする。

ローチェアに対して、ハイチェアは、大人との食事のときに使われる。大人の生活に子どもが適応されるときに使用されるので、前述のようなパターナリスティックな使用が目立つことになる。大人のダイニング・テーブルに合わせて、子どもが座る場合に使われることが多く、また、外食レストランのテーブルでも、このようなハイチェアタイプの子ども椅子が、店に準備されているのをよくみることになる。

子ども椅子のハイチェアでは、ここに横山氏の作品がある（図6上）。これは大人の食卓に子どもが同時につけるように高さを高くして、テーブルの上に顔が出せ、大人と同じ目線を保つように作られている椅子である。前脚にステップが付いていて、そこに足をかけ乗ることができるような形で作られている。クーパー博士の椅子は、かなり権威主義的な印象であったが、こちらのほうはもう少し緩やかな形になっており、子どもの座り心地のことも考えてハイチェアにしているという感じがする。

このような子ども用ハイチェアと対照的なのが、いわゆるローチェアという低い形の子ども椅子で、こちらにはかなり多様なパターンがある。二枚目の写真（下左）は羽柴完氏のウィンザーチェアタイプの子ども椅子である。背もたれ部分に当たるバックが棒状のスピンドルになっている。子ども用に縮小しているが、ただし、子どもは脚が短くて、頭が大きいというサイズの特徴があるので、子ども椅子自体も頭でっかちで、ずんぐりした形態を受け継ぐ椅子になっている。それからもう一つ、牧瀬昌弘氏の背もたれに樹木の意匠を持つ子ども椅子がある（下右）。部屋の中に森を持ち込もうというようなデザインになっている。さらに牧瀬氏の椅子には、座面の下に引き出しが付けられていて、おもちゃ入れなどに使用される。整理のための引き出しを付けるというのは、かなり親の意図も入ってきていると考えられるが、いずれにしても、親の意図と子どもの遊びとが融合されて、

図6｜横山浩司「ハイチェア」(上)、羽柴完「ローチェア」(下左)、牧瀬昌弘「おもちゃ箱の子ども椅子」(下右)

生活文化として現れているという椅子ではないかと考えられる。このような形で引き出しを付けると、子どもも遊びながら片付けるという習慣が身につくことになるかもしれない。

子ども椅子にみる生活文化のパターン

このようにして、各家庭の生活パターンや生活スタイルに合わせて子ども椅子が選択されているのをみることができる。つまり、使う場所・子ども椅子の高さは、親あるいは家庭の生活文化に依存して、子ども椅子の種類が選ばれているといえる。

もちろん、生活文化のパターンといっても幅が広く、たとえば、経済活動としての消費は、所得との関係で一定の法則を持つことが知られている。けれども、生活文化という視点で注目している点は、経済生活だけの及ぼすパターンだけでなく、生活様式のようないわば社会全体を支配しているような複雑なパターンも存在するということである。個人の趣味のような個別に観察される習慣パターンも含んだ生活パターンが存在するのである。つまり、子ども椅子に現れるような、生活全般において観察される形態が存在するということだ。子ども椅子の視点で重要なことは、子ども椅子などの道具やモノが媒介として、これらの生活文化の複雑なパターンが現れてくるという点である。親子関係などを媒介して、子ども椅子は典型的に、生活文化のパターンを提供しているといえる。

2.「子ども椅子の構造」はどのようになっているか

子ども椅子には、生活文化を表す機能だけではなく、形態や構造に特徴がある。ここでは子ども椅子の形や特性という形態の特徴をみていくことにする。子ども椅子には、どのような形態の特徴があるのだろうか。基本的なことからいえば、子ども椅子にも、脚と座枠、座面、強度を補う貫、笠木、背、そしてときには、アーム（肘掛け、肘木）が形態と構造の要素となっていて、基本的には丈夫さや安全さを実現している。椅子の形については、これらの要素が基本構造を形成していて、さらにそれぞれの変形を発展させていると考えられる。ここで、子ども椅子にみられる特有の変形とはどのようなものなのだろうかという点に注目してみたい。

子ども椅子の形

たとえば、子どもの椅子には、独特の「形」のあることが知られている。欧米の子ども椅子を収集していた松本民藝家具の池田三四郎氏は、著書『木の民芸』の中で、子どもの椅子には「始原性」のあることを指摘している[4]。二つの子ども椅子の写真が載せられていて、一つは脚のない分厚い底板に、背もたれのスピン棒が差し込まれ、横に曲木で組まれたものがある。もう一つの椅子には脚は付いているのだが、大人の椅子ほどには洗練されておらず、おそらく大人が坐った

図7｜カナダで購入された子ども椅子

ら重量で壊れてしまうかもしれないような椅子である。けれども、双方ともに座板は分厚く、十分に子どものお尻を受け止めるにたるものとなっている。おそらく、椅子というものの始まりに近いと思われるような、いわば原型を示しているといえる。

写真にあるのが、池田三四郎がカナダで購入してきたという子ども椅子である（図7）。繰り返しになるがこの椅子の特徴点は、みてすぐわかるように、座板がかなり分厚くできているということである。驚くほどの厚さであるが、第一に指摘できるのは、安定性である。これだけ厚ければ、転がるという心配がない。さらに、もう一つの右の子ども椅子には脚すらないので、転倒する恐れはまったくないといえる。この板の厚さだけで、安定性を確保していることがわかる。左の椅子には、脚は付いているのだが、座板の厚みに対して非常に短い。そして、その脚がこの厚い座板を貫通して、上まで出ている。まず折れる心配がない。座板が分厚いというのは、始原性という点でいうと、一木で椅子が作られているという点が挙げられる。椅子の始まりの椅子として、よく挙げられるが、一木造りの椅子がある（本書冒頭「まえがき」の写真参照）。同じ類いでいえば、大地に密着することで安定性が出るということが含まれていると解釈できる。もちろん、この時代には、板を薄くする技術そのものがなかったことも作用している。大きな大木は厚い材料として使ってしまった方が、薄くするよりも楽だったのではないかと考えられる。

子ども椅子には、大人椅子との構造上の違いがあるのだろうかということがよく問題になる。大人椅子を縮小すれば子ども椅子になるのだろうか。あるいは、子ども椅子の寸法については、設計の段階で比例的に拡大すれば、そのまま大人椅子になるのだろうかという問題である。子ども椅子が大人椅子の単なるミニチュアではないとすると、それは縮小したものとどこが違うのだろうか。

子ども椅子にはちょっと変わった特徴がある。前述したように、子ども椅子の特徴の中で、形態が「ずんぐりむっくり」しているのがわかる。よく比較されるのは人形椅子、つまりドールチェアがある。後者はほぼ完全に大人の椅子を縮小して作られ、人形に合わせて使われる。ところが、前者の子ども椅子の特徴は異なるところにあるといえる。「ずんぐりむっくり」になる理由は、第一に子どもの身体の特徴が、そのまま現れていることにある。第二に、脚が長いよりも短く太いほうが強度という点でも強いといえる。前述のように座面の位置が低ければ、それだけ転がりにくく、安定性が増すことになる。縦には縮小するけれども、横幅は安定性のために、あまり縮小しないという特徴がある。ここに、単なる親の椅子の縮小ではないような、子ども椅子特有の生活文化というものが現れている。

ここには椅子の「形」の構造というものの認識の違いが潜んでいるように思える。目にみえることだけではない構造の違いがある。椅子の形態は身体全体と関係するのであって、視覚だけの感覚で決定されているわけではないということである。大人椅子と子ども椅子には、そのような身体との関係によるずれが存在するといえる。

大人椅子と子ども椅子とでは決定的に異なる点がここに現れてきてしまうことになる。この違いは、あえていうと身体の「バランスの問題」である。大人の身体付きが子どもに比べれば、すらっとしているのに対して、子どもの身体付きは前述のように、「ずんぐりむっくり」している。それぞれの椅子がこれらの身体のバランスを反映した椅子になっている。したがって、大人の椅子は縦に長くなるように、バランスを取っているのに対して、子ども椅子は横幅に配慮されていて、イメージがぽっちゃりとしているという傾向をみせることになる。

椅子を作ってみるまでもなく、木工家であれば、設計をしていて、その途中でこうした大人と子どもの身体の違いと椅子全体のバランスがわかってしまうことになる。ちょうどここにある写真に、指田哲生氏のコムバックチェアで、中間の小椅子と子どもの椅子がある（図8）。この二つを比べれば、言葉にできない「椅子の形」というもののあることがわかる。縦長のバランス、中間のバランス、そして丸みを帯びた低いバランスという、違いが出てくることになり、椅子の構造が生活の中の世代間の身体のバランスと関係していることを表している。上下・左右の椅子のバランスが異なり、それは家族の中の世代構成を反映している。とはいえ、この微妙な違いは、家族の生活パターンに依存しており、定型は存在しない。

3. 子ども椅子には「遊びの要素」がある

子ども椅子展で子どもたちに人気のある椅子には、共通の特徴がある。それは「遊びの要素」がみられることだ。子どもたちは一つの閃きを椅子から受ける。すると、その閃きから何かの遊びを工夫しようとする。図9の写真は豊福重徳氏の木琴子ども椅子である。ツノに収められているバチを取って、座面の木琴を弾くことで声高な音を出すことができる。子どもたちは椅子が奏でる音を楽しむのである。

このように、子ども椅子で子どもが遊ぶということは容易に想像できるが、じつは子ども椅子を作って、大人が遊ぶということもよくみられる。長野県北部にある安曇野「ちひろ美術館」には、名作椅子を模した子ども椅子が置かれている。建築家の中村好文氏に協力して、横山浩司氏・奥田忠彦氏・金澤知之氏たちが製作したものである。[5]

図10の写真から、第三章の名作椅子が子ども椅子にアレンジされ取り上げられているのがわかる。トーネット、ウェグナー、リートフェルト、アアルト、ナカシマなどの意匠が含まれているので、すでに第三章を読んだ読者はどの椅子を模したものなのか言い当てることは容易だろう。座面だけは、ずっと一枚板で作られたように、連続させていて、背板や肘木などの部分で、特色を出している。子ども椅子を作って、極めて良く遊んでいる好例だと考えられる。[6]

旅する子ども椅子

それから、もう一つ挙げることができる子ども椅子の遊びの要素がある。松本クラフトフェアの「フェアフリンジ（付加的周辺フェア）」に位置付けられる催しで、「工芸の五月」というイベントが松本市で毎年開かれるようになった。[7] この中でも、子ども椅子による「遊び」がみられる。

そもそも、なぜこの「五月の工芸」のような形態のイベントが催されるのだろうか。クラフトフェアを主催する松本クラフト推進協会によれば、クラフトフェアの参加人数規模が膨れ上がって、会場の収容人数が限界を迎えてきたという事情がある。これをもう少し平準化する必要に迫られたということである。一時的に一箇所に大規模なイベントが集中するデメリットがさまざま

図8｜指田哲生「子ども椅子」と「中型小椅子」

図9｜豊福重徳「木琴子ども椅子」

図10｜中村好文と木工家による「ななつなないす」

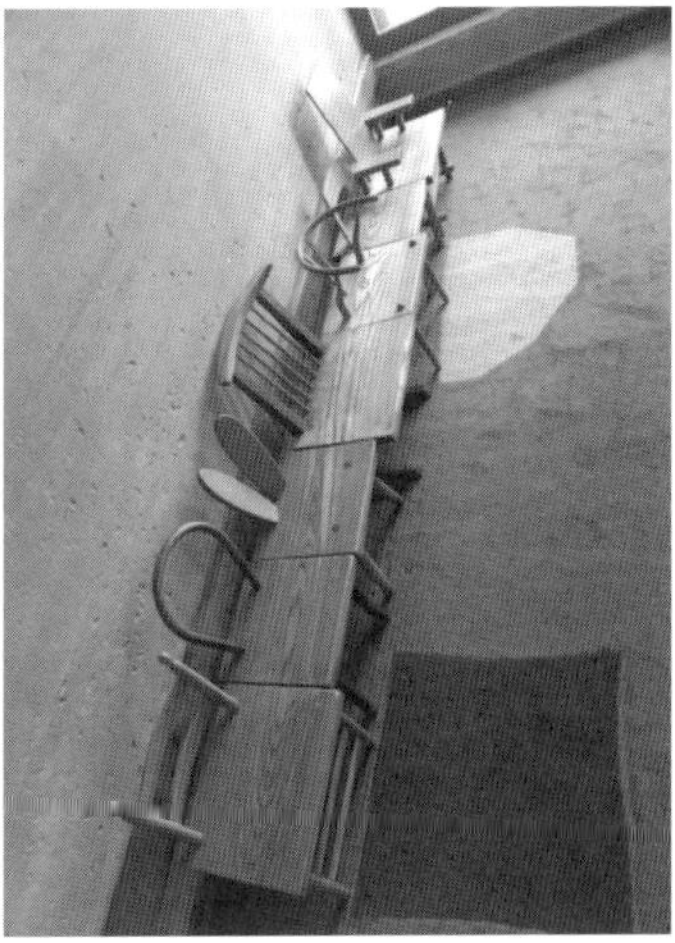

に浮かび上がってきたのである。ゴミ処理や交通渋滞などについての地域住民からの苦情ももちろんあったが、参加者や製作者にとっても、このような混雑現象は製作者の意図を逸脱する好ましくない事象を引き起こしていたといえる。

さて、この「工芸の五月」では、「はぐくむ工芸」と呼ばれる子ども椅子展が開かれている。世代や地域を越えて、クラフトフェアの精神を受け継いで発展させる催しである。また、これに加えて、「かわいい椅子には旅をさせよ」という催しがかつて開かれたことがあり、これはとりわけたいへん興味深い試みであった。

「はぐくむ工芸」の展覧会は、次のような内容である。毎年約二十五名の椅子作家が自分のイメージで椅子を製作して、出展する。それを松本市美術館の中庭にある芝生広場において、自由に子どもたちに坐らせるというものだ。子どもたちが、家にある椅子ではなく、木工家たちが作るちょっと変わった木製の椅子に座ることができるのであれば、親はそのような現場に子どもを連れて来たいと思うだろう。またあるいは、大人自身も子ども時代を思い出して、ローチェアとして座ってみたいと思うかもしれない。そういう展覧会が開かれている。

さらに、開催二年後あたりから、コピーライターの方が「かわいい椅子には旅をさせよ」というコピーを付け、展示場の中から街中へ、これらの椅子が飛び出すことになった。喫茶店や、洋服屋、人形店、お菓子屋、さらにジャム屋やブックストアも加わってきた。これらは、場所が広

図11｜「かわいい椅子には旅をさせよ」，
「工芸の五月」展の人形店での展示

がったことによって、子どもだけに注目されるのではなく、子どものいない、すでに家から子どもが出てしまった年配の大人たちにも、子ども椅子が目に触れることになった。

椅子作家の作品の紹介に最適であったばかりか、この紹介以上に、店のショーウインドの展示装飾用に使われたり、人形の坐る椅子になったりして、子ども椅子の用途が大きく広がったことが重要だった。注目すべきなのは「椅子をみせる展覧会」という趣旨から発展して、椅子が「人と人とを結びつける媒体」として存在しうるところをみせ、考え方を転換させたことで、このことはネットワークを形成するという観点からも、たいへん面白い。座る椅子からみる椅子へ、つまりは機能的な椅子から社交的な椅子へと変貌したことになる。

子ども椅子という対象物であることから、手軽で「旅をする」には適当な大きさと形態を持っている上に、色も木そのものの自然さを保っていて、どのような場所にも入り込めそうな対象物であったといえるかもしれない。このことは、椅子が人との関係性として、つまり社会的に成り立っていることを表示している。それが可能であるのは、社会をつなぐネットワークの媒介物としての機能を、子ども椅子は兼ね備えているからである。第七章にも関係することであるが、そのようにして椅子の可能性を広げたといえる。

ここで一つ、子どもと親との関係を思い起こさせるような椅子を、この章の最後の椅子としてみたい。先ほどの「安曇野ちひろ美術館」に置かれている**図12**の写真にある木製ベンチ（ララバ

図12｜中村好文と木工家による木製ベンチ「ララバイ」

イ）である。向かって右側に、大人が座るように、座面も幅広く、肘木も高い位置につけられている。けれども向かって左側には、子どもが座るように、座面を狭めて、肘木を低くしてある。大人と子どもが一緒に座ることが期待されていることがわかるベンチになっている。子ども椅子の造りに、人間関係とそこで話される会話が埋め込まれていることがわかるような木製ベンチである。

この章では、生活文化としての子ども椅子に注目した。第一に、子ども椅子は、子どもが示す人間発達の過程で、親と子どもを結びつける役割を持っていることがわかった。第二に、子ども椅子は大人椅子と異なる構造を持っており、独自の形態と機能を持っている。第三に、子ども椅子には遊びの要素が含まれており、単に座るだけでなく、それ以外に人と人を結びつける機能を持つ可能性のあることを、子ども椅子展や付随するイベントで確認することができた。これらの子ども椅子の広がりからみて、逆に子ども椅子は生活文化の重要な要素となりうることを、この章では確認することができた。

第七章　椅子の社会的ネットワークはどのようにして可能か

椅子がもつ社会的機能

椅子は個人的に座るだけでなく、社会的な機能を持っていると考えることができる。これまでの本書の中では、第三章で椅子が空間構成機能を持っており、椅子が単独で存在するのでなく、部屋や建物との調和の中で存在することをみてきた。この章では、椅子が個人的な使用だけに限られることなく、共同的・公共的な空間の中で働くことをみていきたい。建築の中の椅子、社交の中の椅子、展示会の中の椅子、公共空間の椅子などを取り上げるとその性格が如実に現れる。ここで、どのようなときに社会の中での椅子のネットワークが現れるのか、その特徴はどのようなものなのかについて探りたい。なぜ椅子は社会的ネットワークを形成するに至るのだろうか。

まず第一に、椅子のあり方として、「三つの椅子タイプ」の特徴を指摘することから始めたい。第二に、椅子の持つ社会的視点として、「環境関係性」ということに注目していく。個人的な座り心地ばかりでなく、環境を重視した居心地の問題を取り上げたい。第三に、椅子の持っている社会的作用としての「ディドロ効果」を考え、社会との環境関係性がネットワークを形成する理由をみたい。

1．三つの椅子タイプ：「孤独の椅子」「友情の椅子」「社交の椅子」

社会の中に存在する椅子には、その社会の影響を受けて人びとの間に成立する（in-between）という特徴をみることができる。製作者側のデザイナーとの関係だけが椅子を成立させているわけではないし、さらに使用者との関係という観点からだけで椅子が成立するわけではなく、両方からの関係の視点が必要だということである。

アメリカの個人主義的な自然主義者のH・ソローでさえ、その小さな小屋のような住居に三つの椅子を持っていた。ソローは、ボストン郊外の町コンコードにあるウォールデン湖畔で、一八四五年から二年と二ヶ月、森の生活を一人で暮らした。そして「わたしはわたしの家に三つの椅子をもっている。その一つは孤独（solitude）のため、その二は友情（friendship）のため、その三は社交（society）のためのものである」といって、一人暮らしの中で、たとえ大勢の訪問者が現れたとしても、そこでの社交を大切に考えていたことを著書『森の生活』で述べている。[1]

「わたしと行きあうどんな血気さかんな人間を向こうにまわしても、その場は蛭のようにねばる

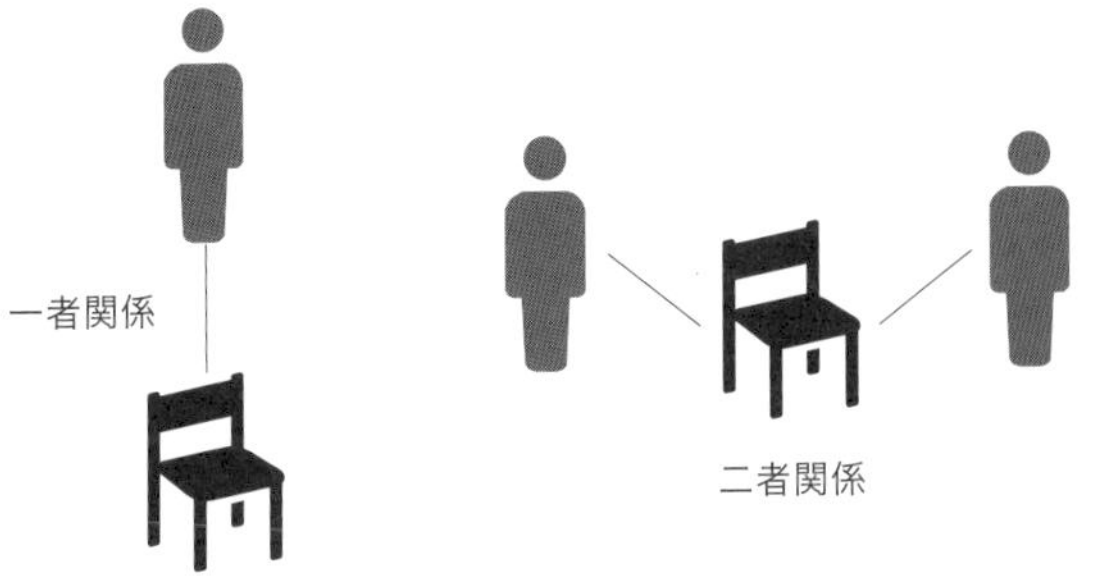

図1｜孤独の椅子の示す「一者関係」と友情の椅子の示す「二者関係」

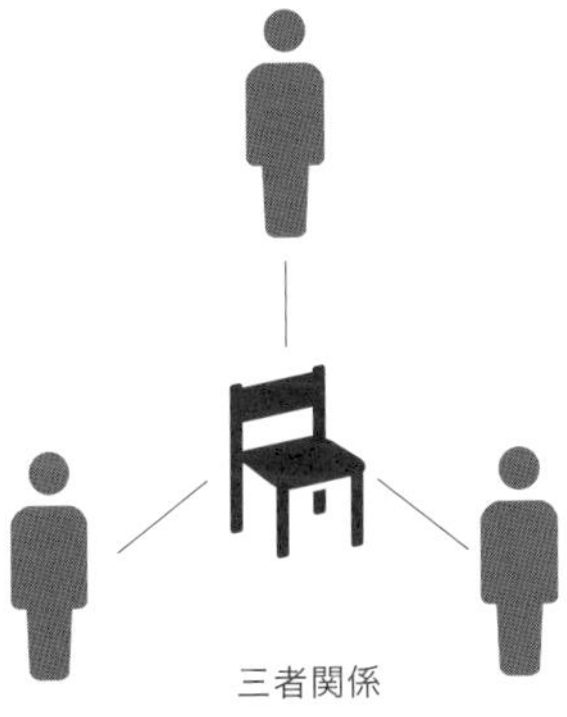

図2｜社交の椅子の示す「三者関係」

図3｜米国コンコードのウォールデン湖畔のソローの小屋と復元された小屋の中

ことを辞しない者だと考えている」とソローは議論について述べ、社交をつなぐ椅子の役割がこの小さな小屋の中でさえも存在し重要であることについて、率直に述べている。彼が個人主義的生活を遂行しようとすればするほど、社会とのつながりが欠かせなくなることが、椅子という人間生活の日常道具との三つの関係で明らかにされている。これは、決して十九世紀のアメリカ生活で重要なことであっただけでなく、現代社会の中でも、極めて大事な生活文化のあり方をめぐる問題提起であると考えることができる。

けれども、わたしを含む多くの人びとにとっては、突然に椅子に「社交」機能があるといわれたとしても、なかなか理解できないであろう。なぜ椅子は一人で孤独に座るものではなく、友情の椅子や社交の椅子が必要であったのだろうか。この考え方は本書の最終的な結論に至る間に、少しずつ説明していきたいことである。椅子という物あるいは道具が事物として、わたしたちの前に現れるのは、上記のソローの場合もそうなのであるが、まずは自分にとって「座る」という効用をもたらすからである、と近代に至る過程で考えられてきている。椅子は人間にとって座る道具である。それに対して、社会的な役割を持つ椅子がここで提起された、と考えることは果たして可能だろうか。

ソローが三つの椅子を持っていると示したことが重要である。そして、「その一つは孤独のため、その二は友情のため、その三は社交」だとしている。実際に三つの椅子が置かれていたのか、それとも小屋の空間使用について、椅子で比喩的に表したのかは不明であるが、いずれにしても、椅子への座り方には三種類があることを指摘していて、椅子をめぐる個人生活から社会生活へ至る、空間構成の本質を示していてたいへん興味深い。

直感的に、椅子が使用される人間関係がわかる分類である。孤独のためというのは、自分と椅子との間に生ずる「一者関係」を表しており、友情のためというのは、椅子を媒介として、自分と友人との間の「二者関係」を示している。そして、社交のためというのは、椅子を媒介とした、自分と社会一般（ここのsocietyを世間と邦訳している本もある）との人間関係である「三者関係」を表現している（図1、2）。ソローの頭の中では、三つの椅子を指摘することで、直感的に、この小屋をめぐる人間関係と部屋の空間構成を分類していたと解釈できる。

第一の「孤独のため」というのは、一人静かに部屋で座るというイメージであろう。近年、「マイチェア」という、自分専用の椅子を書斎や自分の部屋に持つ習慣が根付いてきたといわれている。自分使いあるいは自分用の椅子というのであろうか、自分だけで座る専用の椅子が求められるようになってきている。仕事場の事務椅子であったりテレビをみる椅子であったりするのだが、ソローの場合には小屋の暖炉の前で、火をみつめながら座っているソロー自身を想像することができる。当然、小屋の部屋には、自分一人しか存在しないという部屋の空間構成を示していると考えられる。もしこのような状況のときに、誰かがソローの小屋を訪れたとしても、部屋の中をみた途端に、自分の座る場所がないことを察知して、退散してしまうことになるに違いない。孤独のための椅子には、一人しか座ることができないし、周りの状況も他者の存在を遠ざける様相を表しているのだといえる。

図4上に写真を掲げた「拭漆楢彫花文椅子《ふきうるしならちょうかもんいす》」は、もともと映画監督黒澤明の箱根別荘に置かれた応接セットの一部として、木工家黒田辰秋によって一九六四年に作られ、「王様の椅子」と呼ばれた有名な椅子である。製作の動機からすれば、応接のための「友情の椅子」や「社交の椅子」の部類に入るかもしれない。けれども、製作時の職人たちの感想やその後の評価などからすると、写真でわかるように背板などによる空間を遮断する構造を持っていることや、「王様の椅子」という呼称などによるイメージから、個人用の「孤独の椅子」に転用してもおかしくないほどの、独立した空間を保持するような椅子の存在感を持っている。[2]

また、今日のマイチェアとしては、「ニーチェア」も挙げることができる（**図4下**）。日本の住宅事情は悪く、マイチェアを置く場所がないとよく指摘される。けれども、折り畳み可能で軽量なニーチェアであれば、このような「孤独の椅子」も可能かもしれない。居住空間が狭くても、折りたたんだ椅子を広げるだけで、自分専用の空間を手軽に創り出すことができる椅子である。この椅子の開発者である新居猛はこのような「ニーチェア」を「カレーライスのような椅子」と表現したことで有名である。[3] 新居のモットーは「座り心地を落とさず、とにかく安く、道具のよう

図4｜黒田辰秋製作、黒澤明の拭漆楢彫花文椅子「王様の椅子」（上）, 新居猛「ニーチェア」（下）

に役立ってこそ椅子」だと掲げられている。汎用の椅子を目指したのだ。このように「すべての人から愛される」という意味において、「カレーライス」というコピーが使われたのである。

第二の「友情のための椅子」というのは、自分と友人が二人で座る椅子ということであろう。一人掛けの椅子であれば、テーブルを挟んで二つの椅子が対面して座るという空間構成を思い浮かべることができる。また、二人掛けのベンチであれば、横に並んで座るという状況もありうるだろう。二人の関係を表しているという意味で、この椅子が「二者関係」を象徴していると考えることができる。そして、二人の間の親密さが、それぞれの椅子の配置を決定するものと思われる。二人の間が親しければ親しいほど、二人の座る椅子の距離も近くなるような配置になる。この場合にも一者関係の場合と同様に、もし第三者がこの部屋へたまたま入っていったならば、二人の世界を察知して、退場あるいは遠慮することが通常のあり方である。椅子の配置が人間関係を指示し、部屋の空間構成を調整していることがわかる。このように「友情の椅子」では、二人の間の親密さが、それぞれの椅子の配置を決定するものと思われる。**図5**は学生寮で使われているイルマリ・タピオヴァーラのデザインによるドムスチェアである。肘掛から後ろ脚へかけて柱の位置が絶妙であり、また、座面が前へ傾斜していて勉強椅子として最適な構造を持っているといわれる椅子ではあるが、学生寮の中ではときには、友人との語らいに利用されたに違いない。

第三の「社交のための椅子」というのは、不特定の人が訪れたときに座ってもらう椅子という

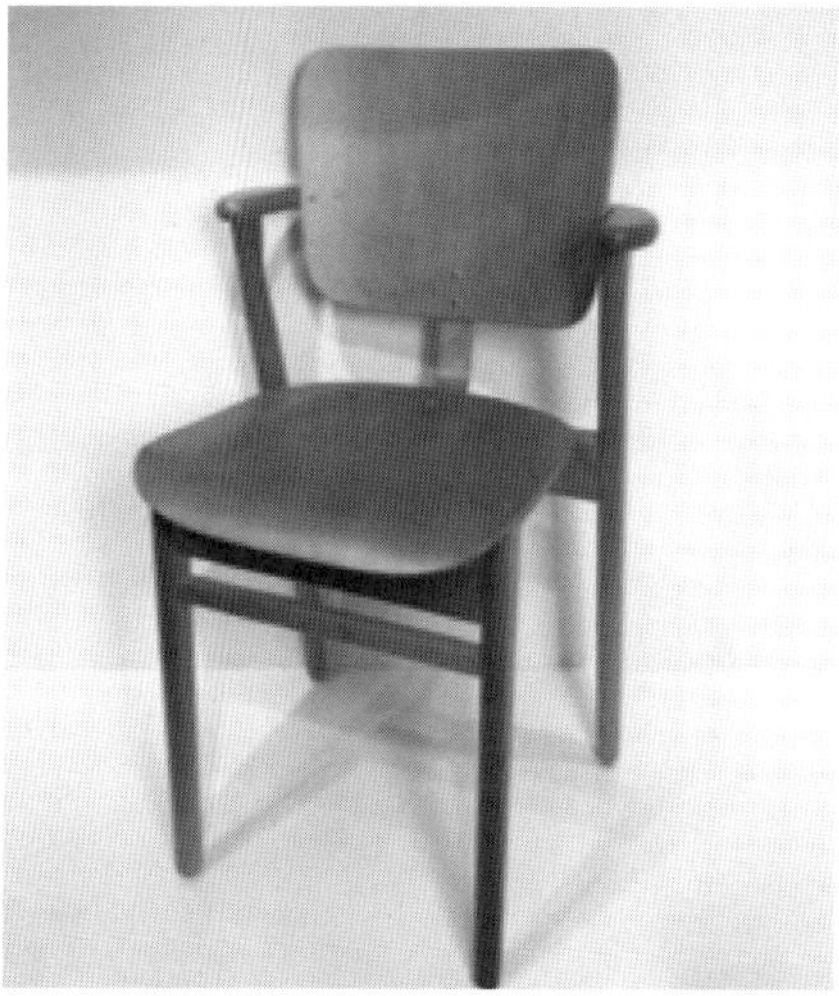

図5｜1946年フィンランドのヘルシンキ大学の学生寮のためにデザインされたドムスチェア

ことだ。直感的にはわかるのだが、ここの発想が一番難しいだろう。この『森の生活』の中でも、この三つの椅子の指摘のすぐ後で、この小屋に大勢の人が押し寄せたことが書かれており、実際には小屋の中で立ってもらったということになっている。二十人から三十人の人びとが部屋に入ったという。この不特定多数の人びとが小屋に来たとき、座ることが許可されている椅子を持っているということなのである。つまり、この椅子があることで、社会にオープンであることを表示する役割を、椅子が担ったということなのだ。椅子には、空間構成を準備する社会的機能が存在することを、ソローは悟っていたことになる。今日的な人と椅子との関係を表すような、「自分椅子」「共同椅子」「公共椅子」という、椅子の使われる社会的状況を表示する椅子の役割を問題提起しているといえる。

2. 椅子の環境関係性：座り心地から居心地へ

椅子の座り方に関して、「座り心地」から「居心地」へと関心が変化してきているという考え方がある。椅子の座り方をめぐって重要だと考えられる点は、椅子というものがこの椅子を受け入れる人びとの間において、最終的に「社交」という相互作用が生じることが指摘されている点である。つまりここで、なぜ社交などの人間の相互作用が物質的な椅子というものに求められる

図8｜チャールズ&レイ・イームズ（Charles 1907-1978, Ray 1919-1988）
図9｜イームズ「DCW1」（左, 1946）

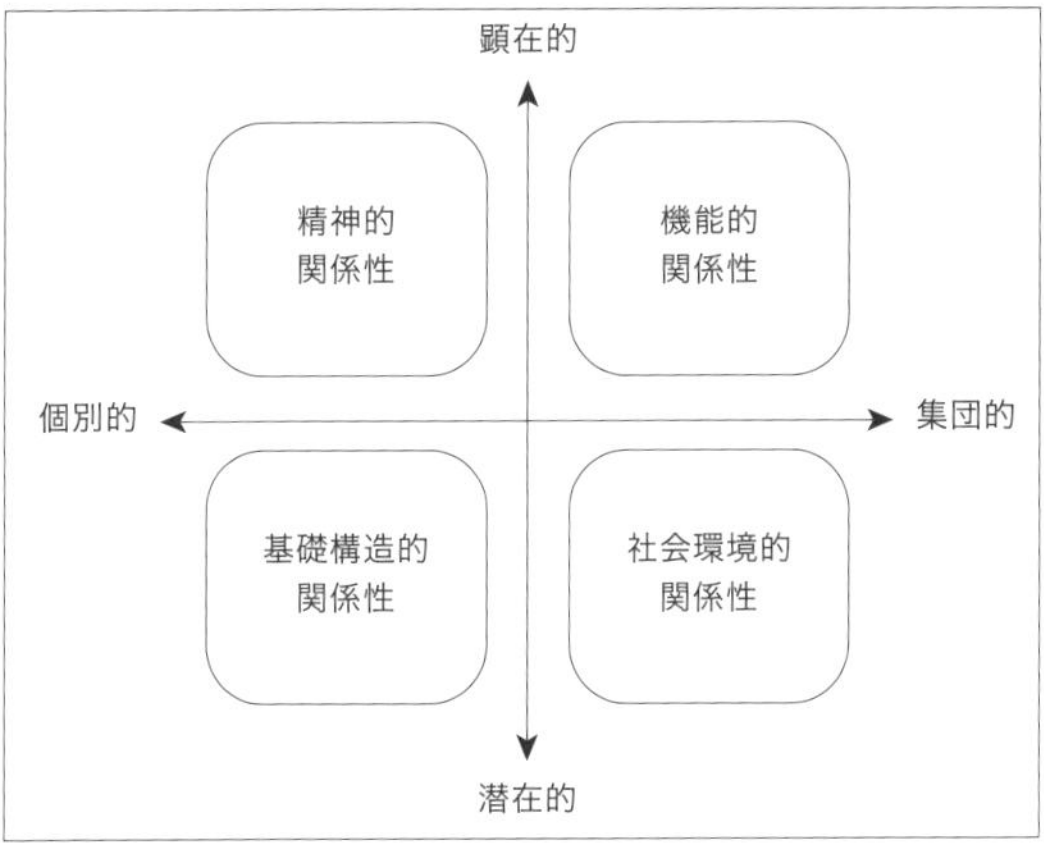

図10｜椅子デザインの4つのコネクション（関係性）

のであろうかということが重要なのである。もちろん、これらの椅子の機能がどのようなものに付随して生ずるのか、またそれらがどのような社会的影響を受けるのかは、その社会現場の事情によって異なるし、その社会の範囲によっても異なることになるが、ここには椅子環境をめぐる有力な議論が存在する。

椅子の存在が、社会に適合するにしても不適合であるにしても、椅子たちが周りの社会環境と無関係に成立することはない。部屋に置かれた椅子は、椅子と部屋との相互関係にある。公園に置かれたパーク・ベンチは公園との相互関係を形成している。いわば環境関係性（environment - interdependence）という性質を持っているのが、社会の中にみられる椅子というものの性質であると考えられる。

イームズの考え方

結びつき、あるいは関係性（connections）という穏やかなつながりが椅子デザインの本質であると考えたのは、イームズ・チェアで有名なC・イームズである（図8）。シャーロット&ピーター・フィールの書いた著書『1000チェア』の巻頭に掲げられたイームズの言葉があり、それがイームズの考え方を代表している。[4]「結局、製品に生命を与えるものは、結びつき（connections）のディテール（精緻さ）なのだ」「人びとや考えや対象物などのすべてが最後には結びつく。結びつきの質こそ、本質的な質にとって最も重要である」。こうした言葉でわかるように、イームズは結びつきを重視している。イームズは、第二次世界大戦中に合板技術を習得し、のちにプラスティックによる椅子を開発して、二十世紀のアメリカ住宅にマッチする大衆向け椅子デザインを世に多数送り出した[5](図9)。

イームズがいうような「椅子の結びつき」とは、どのような結びつきなのだろうか。上述のC&P・フィールは、椅子デザインについては四つの結びつきが存在すると考えている。第一に、デザイナーの考える「機能的関係性(functional connection)」がある。デザイナーは使用者との関係で、物理的にまた心理的に考えて、使用者が坐る上での機能的なデザインを創造する。第二に、「精神的関係性(spiritual connection)」が存在する。椅子の使用者との間で、知的、感情的、美的、文化的な結びつきを重視した椅子である。第三に、「基礎構造的関係性(fundamental connection)」がある。椅子の構造上の問題点を解決して、椅子の素材などとの関係において成立をみた構造が求められた。そして、第四に、椅子がより広い経済社会との関係で成り立つような、「社会環境的関係性(environmental connection)」において、結びつく可能性が存在すると考えられている。

機能的関係性を重視する「椅子と製作者との関係」では、製作者が主導して、椅子の隠れた作用を顕在化させ、椅子の機能的なデザインを志向する傾向がある。たとえば、近代椅子はシンプルで持ちやすいものが多いが、このような軽量化にみられるような物理的な機能の工夫は製作者が椅子製作にあたって発揮する技能に依存している。椅子には、このように隠された機能をいかに製作者が発見し、それを椅子製作へ結びつけることができるのかが重要となる。第一の機能的関係性の結びつきについては、この本の第四章で「技能の発揮」として製作者に現れることに言及した。

精神的関係性を重視する「椅子と使用者との関係」では、心理的で感情的な心地よさの原因を精神的な点に求めるようなデザインを行う傾向にある。このことは第五章でみたように、座えぐりや座編みなどの工夫やデザインとなって現れると説明してきた。

椅子にみられる基礎構造的関係性では、椅子と製作者との関係が、さらに製作過程以外の素材との関係にも結びつくことが知られている。ここでは、椅子製作に当たって、基本的にどのような構造を求め、それに適した素材を充てがうのかが問われる。そして、社会環境的関係性では、社会との結びつきの中で、椅子と製作者、さらに使用者との関係が問われることになる。

居心地の良さがつくりだす環境

それでは、椅子をめぐる社会環境とはどのようなことを指しているのだろうか。どのような関係性が椅子をめぐって社会に生ずるのだろうか。「椅子に求めるのは何か」とグレイン・ノート椅子展の観覧者たちに聞いたヒアリング調査で、座り心地（comfort）が一番多い答えだった。けれども、この座り心地と答えた人びとの中で、居心地の良さ（gemütlichkeit あるいは congeniality）と答える人びとも意外なほどに多かったのだ。居心地という認識は、明らかに座り心地よりも、広い範囲を問題にしている。椅子は座る道具だが、この「座」という言葉には、通用字である「坐」という字もあり、「广」に特別な意味があるといわれている。「广」は岩屋、崖を利用した仵居に由来するといわれているのだ。ここから、坐ることが関係をつないで、建物や住居と密接な関係を結ぶのをみることができると考えても良いのではないだろうか。[6]

ここでいう座り心地と居心地とどこが異なるのであろうか。座り心地であれば、単に使用者がその椅子との関係でどのような感情を抱くのかということに止まってしまう。けれども、居心地であれば、椅子に対してのみならず、その椅子が置かれている環境を含んだ場所の問題が指摘されていることになる。大学のゼミ室で、講義室のように教卓へ向いた座席が並んでいれば、ゼミの討論も行い難いと感ずるであろう（図11、12）。

また、居心地の良さをヒアリング調査で答えた人の中に、次のようなことを述べた人もいた。彼は座り心地の良いローソファを自宅の居間に入れている。ここに掲げた浅村氏のローソファのことではないのだが（図13）、ソファに座ることよりも、ソファの座る部分を背中に当てて床に直接座っている場合の方が多いというのだ。テレビをみたり本を読んだり、家族と一緒に床でくつろいだりする場合には居心地の良さを選ぶというのだ。おそらく、その部屋がソファに座るよ

図11｜講義形式の椅子の並びかた

図12｜ゼミ形式の椅子の並びかた

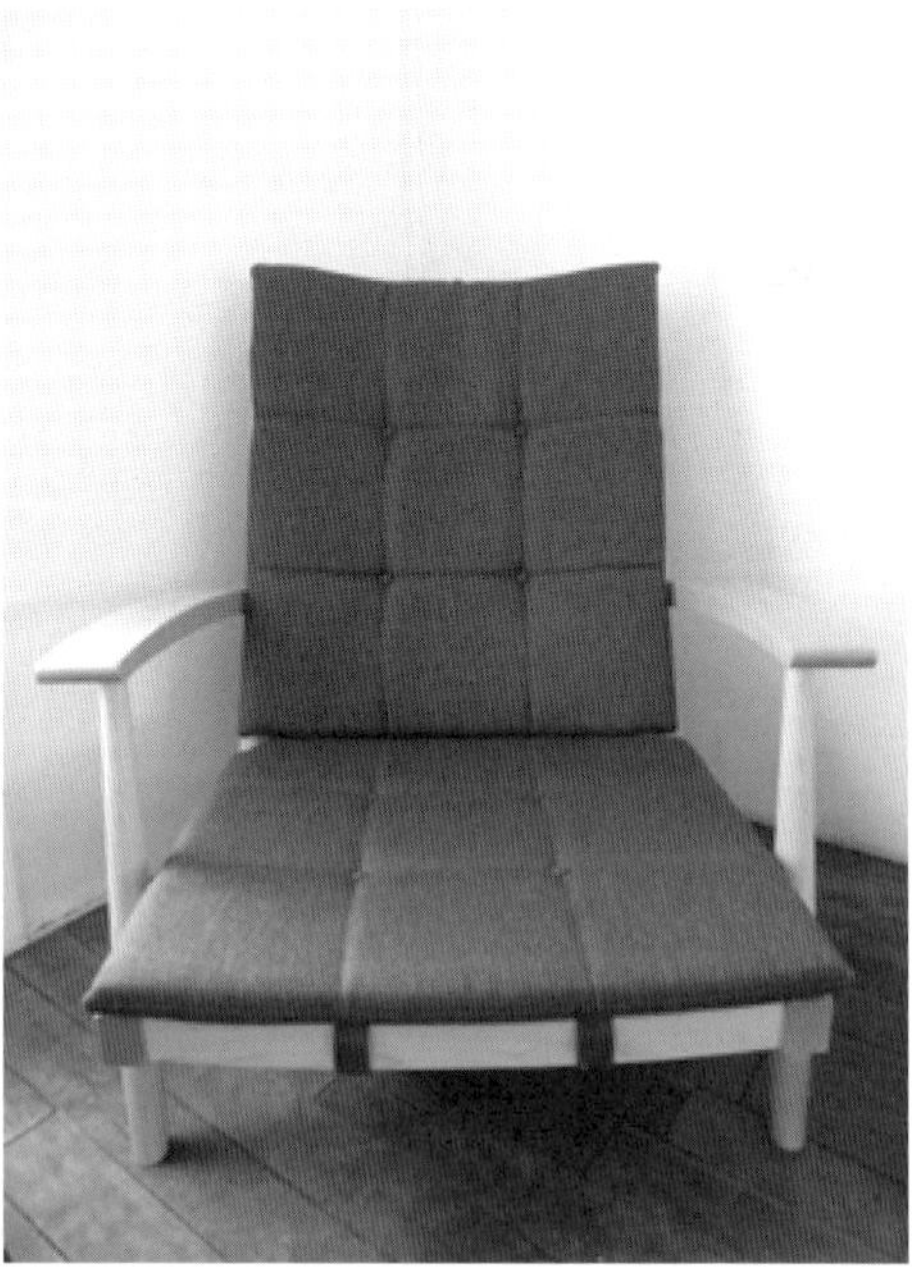
図13｜浅村治利「ローソファ」

りも、寄りかかるソファに合っている場所なのだと思われる。けれども、重要なことは、やはりそこにソファがあって、そのソファの創り出す環境が座る場所を提供しているということである。

座る環境も含んだ椅子の効用について指摘した、古典的で有名なエピソードが、経済学者・道徳哲学者のアダム・スミス『道徳感情論』に書かれている[7]。アダム・スミスが単なる功利主義者ではないことを述べるところで、利用される引用箇所である。彼はそこで、椅子が座る目的以外で評価される場合があるとする。つまり、椅子の利便性や快楽それ自体よりも、そのために駆使され組み合わされた手段の方がより重視される場合があると指摘している。次のとおりである。スミスはあるとき、椅子が乱雑に置かれた応接間に通された。単に座るための利便性を追求するのであれば、乱雑のままにしておいて部屋を片付ける手間をかけないほうが正解であろう。けれども、スミスは乱雑な椅子を整理してから、椅子に座った方が居心地が良かったので、そうしたと書いている。このエピソードは、明らかに座り心地ではなく、部屋での椅子の配置という、居心地を追求している例といえる。

3. 椅子に付随する社会環境的な補完体：椅子のディドロ効果

椅子が環境と密接な関係にあるのは、椅子が環境に合わせて作られるし、またその椅子はその環境において使用されるからである。椅子は環境に埋め込まれて使用され、活用される性質を持っている。ここで問題になるのは、環境関係性を持つとされる「ディドロ効果」という作用である。すなわち、椅子は環境と一体のものとして製作される傾向をみることができるのである。

ディドロ効果はどのような特徴を持っているのだろうか。さらに、ディドロ効果はどのような社会的機能を持っているのだろうか、以下でみていこうと思う。そして、なぜ椅子は環境に埋め込まれて使用されるのだろうか。

椅子に限らず、日々の日用品などの消費財一般が、製作者や使用者と、さらには社会環境と重なる部分、つまり生活文化環境というものを持っていることを、「統一体（unity）」あるいは「補完体（complement）」という言葉で表したのは、消費の文化人類学者のG・マクラッケン『文化と消費とシンボルと』である。[8] この考え方によれば、椅子には、その椅子に付随し伴うような、それらが「一緒にある」ことを一貫性があるとみなせる生活上の補完物（complement）を発生させることが知られている。椅子の持つ社会環境は、もちろんその椅子に付随する補完物に含まれている。たとえば、インテリアやエクステリアのデザイナーをはじめとして、ファッションデザイナーたちが、このような補完物のセットを狙って、社会環境と一体となった服装のデザインを企てているのをみることができる。

もっとも、この環境に依存した構築物ということに最も敏感に反応したのは、建築家たちであることは第三章の近代椅子を見学したときにすでにみてきている。建築家自身の設計した家や建物の中に、自分の設計した椅子を配置している幾多の例を挙げることができた。建築には、エクステリアである建物の補完物として、インテリアとしての椅子をはじめとした家具を考えてきた歴史がある。このような建築家が設計した代表的な椅子として、第三章の中で紹介したマッキントッシュやル・コルビュジエの椅子がよく知られている。ここではさらに、フランク・ロイド・ライトの事務椅子（ジョンソン・ワックス本社）をみたい。これらは紛れもなく彼の設計した建物や部屋の机と呼応した作りをみせていることがわかる（**図14**）。

ディドロのガウン

なぜこのようにモノが補完物を伴う事象を「ディドロ効果」と呼ぶのかといえば、十八世紀のフランスで『百科全書』の編集者・執筆者であるドゥニ・ディドロに由来する。彼がエッセイ「古いドレシング・ガウンと別れた後悔」で、このディドロ効果が生活様式に現れたことを指摘したからだ、とマクラッケンは説明する。

あるとき、ディドロが赤いドレシング・ガウンの贈り物を受け取った。これをたいへん気に入り、毎日着ていたのだが、そのうちこのドレシング・ガウンの色や雰囲気に合わせた調度品を購入するようになる。たとえば、安手の編み椅子が本革の椅子に、木製テーブルが高級テーブルに

図14｜フランク・ロイド・ライトのジョンソン・ワックス社のための椅子と机（上），ジョンソン・ワックス社本社事務室（下, 1939）

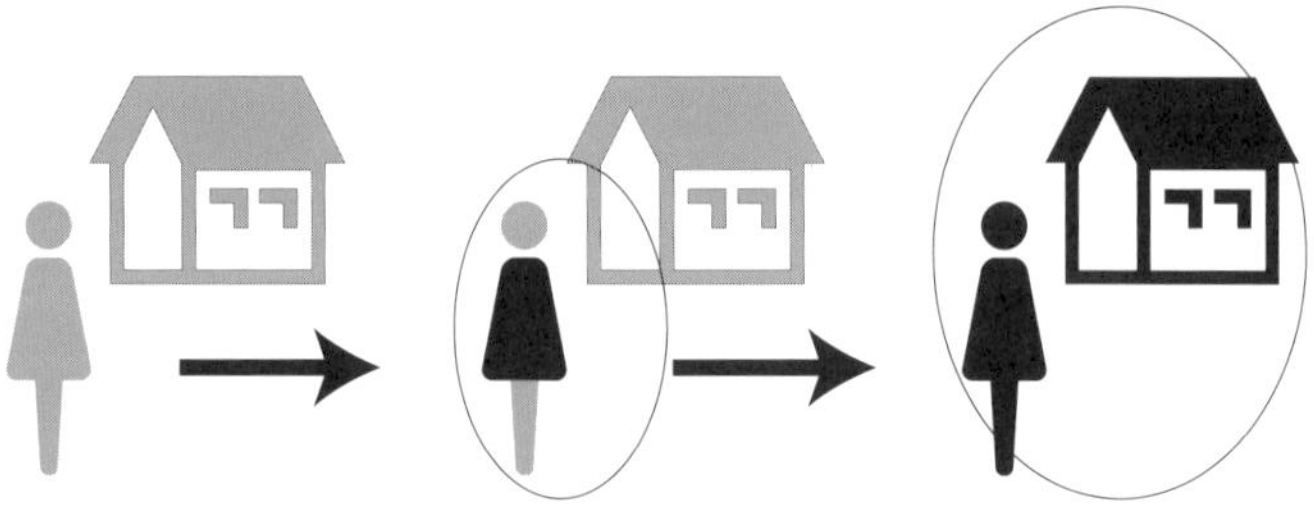

図15｜赤いドレッシング・ガウンが及ぼすディドロ効果

変えられたりした。結局部屋全体が赤いドレシング・ガウン調になってしまい、かつての自分好みの部屋が崩壊してしまったという。それでディドロは、以前の部屋の趣味が失われてしまったことをたいへん嘆いたのだ。

この「ドレシング・ガウン」を「椅子」に置き換えてみることも可能だろう。椅子に合わせて、部屋のインテリアを考えたり、テーブルに合わせて椅子を考えたりということは、日常行われていることだ。

マクラッケンは、ドレシング・ガウンが作り出した部屋全体を「ディドロ統一体」と呼び、このように一つの品物が周り全体へ影響を及ぼす効果を「ディドロ効果」と呼んだ。品物の周りには、その品物の社会環境としての「財補完体」が形成され、人びとの行為が補完体へ向かい、その行為の相互作用が連続して調和するようになると考えられた。つまり、椅子と調和するようなテーブルが選ばれ、そのテーブルで椅子の使用者が日常のワークを行うようになる。

たとえば、川崎市にある喫茶店の例がある。写真にみられるパンの喫茶店「パン日和あをや」では、最初に一番左の椅子が購入された（図17）。これに合わせてテーブルの高さが決められた。この椅子に座ると、カウンター内にいる店の方との会話が進むように、部屋との調和が図られているのを知ることになる。また別の例ではあるが、古くから続いている喫茶店では、店の改装を行う機会がある。このとき、気に入った椅子が残され、それに合わせて改装が進められる場合が

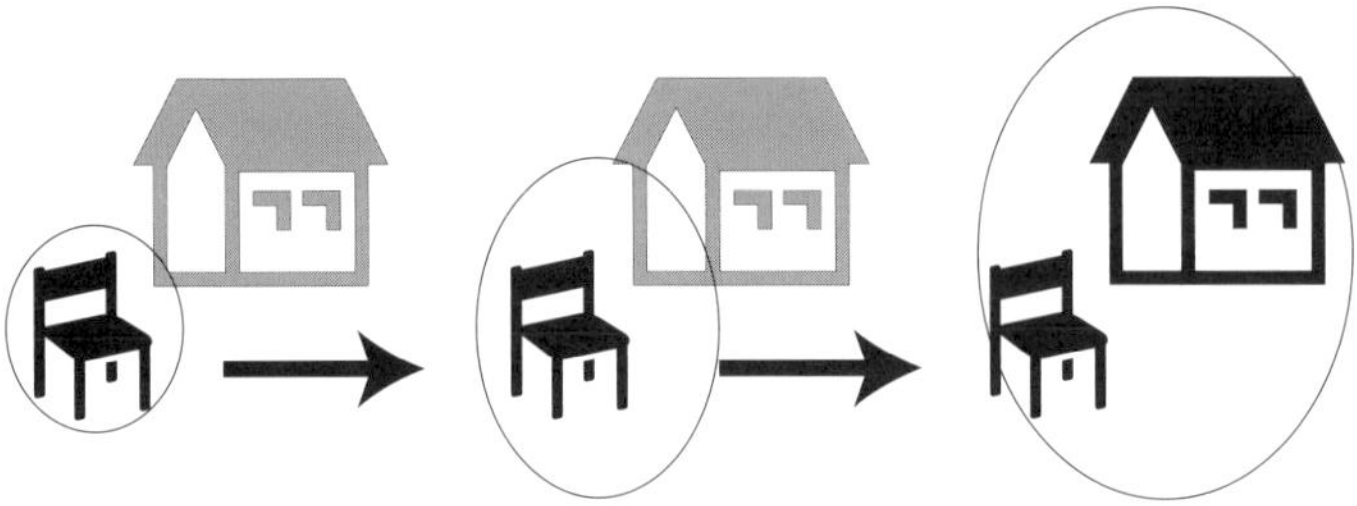

図16｜椅子の社会環境に及ぼすディドロ効果

ある。椅子と人びととのワーク環境とが関連性を持つようになる生活文化が進行することになる。つまり、椅子にはディドロ効果があると考えられ、この財本体と補完体とをつなぐものが生活文化として形成されるのだと解釈することができる。

マクラッケンの正式なディドロ効果の定義は、「個々人を彼／彼女の消費財補完体全体に文化的一貫性を保つよう促す力」としている。マクラッケン自身は、消費文化論が専門だったので、このように人びとの消費に尾ヒレが付く効果として、このディドロ効果が称えられたのだが、この言葉の射程範囲はもっと広いものであったと考えられる。モノの存在が社会環境の変化をもたらし、生活文化を変容する可能性を持っていると考えることができる。

4. ディドロ効果の特徴

ディドロ効果は生活文化の中で、どのような作用を実際に及

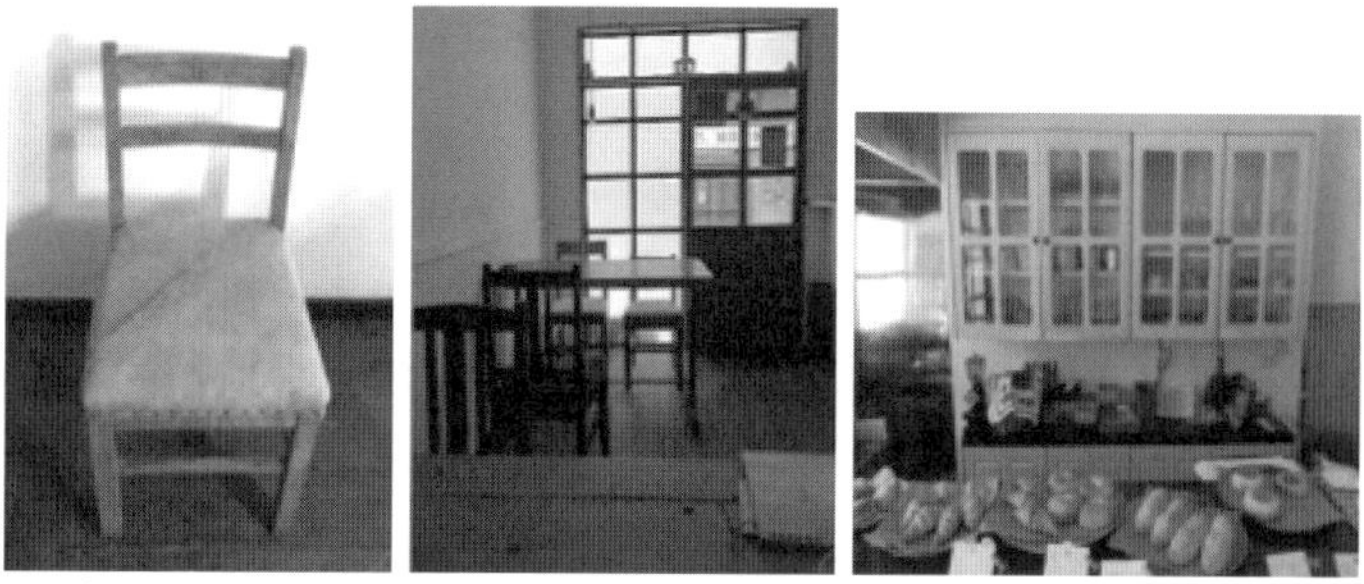

図17｜椅子からテーブルへ. 左から喫茶店の椅子, 椅子の高さに合わせたテーブル, 室内模様（カウンター）

ぼすのだろうか。また、ディドロ効果には、どのようなタイプが存在するのだろうか。第一に、「ディドロ統一体」として成立している財と補完物全体の現状を維持しようとする、保守的な効果を及ぼすタイプがある。マクラッケンは、H・アーレントから引用して、バラスト（ballast）効果とこの影響力を呼んだ[9]。バラストとは、船が安定性を保つために積んでいる重し（weight）のことで、ここでは安定機能を指している。たとえ、赤いドレシング・ガウンが購入されようと、それによって影響を受けないような逆の影響力が、ディドロ効果には存在するとした。つまり、ディドロ効果の中でも、最も消極的で保守的なタイプとして、このバラスト効果が存在するといえる。確かに、わたしたちはいままで購入して揃った部屋をそのままの状態で維持したいと望む保守的な傾向を持っている。特別なことがない限り、自分の生活習慣を放棄したりしない。

第二に、ディドロ効果の過激で革新的なタイプが存在する。ディドロではドレシング・ガウンだったのだが、ある財が導入されると、その後その導入した人の生活を全面的に変容する力を持つ。一つのモノには、文化的な影響力があって、導入された途端に、この新しいモノが新しい関連品目を要求し始めるとマクラッケンは考えた。

問題なのは、ここでどのようにして保守的で消極的な椅子使用者が、革新的で積極的な椅子使用者に変わるのだろうかという点である。そして、椅子が補完的なディドロ効果を及ぼすに至る過程がどのようにして起こるのかが問題である。たとえば、衝動買いのような、内在的で突然変異的なデパーチャー(新規スタート)効果が生ずるのだというのが、マクラッケンの仮説である。新しい椅子を部屋に導き入れたら、その後どうなるのだろうか。

過激なディドロ効果

マクラッケンはこの効果の面白くわかりやすい事例として、「トロイの木馬(Trojan Horse)」効果を挙げている。古代ギリシアのトロイ戦争で、ギリシア軍が巨大木馬を使ってトロイ軍を欺き攻略したことと同様にして、一つの椅子が、椅子の補完体である社会環境に潜みこみ、内部の反逆を促進させて、結果として「過激な」椅子のディドロ効果を引き出すのだとする。マクラッケンは生活文化の影響としてクルマやファッション、家具やインテリア、娯楽、化粧品などを挙げている。ここに日用品が加えられ、さらに問題の椅子が俎上に載せられても決しておかしくないと考えられる。わたしたちは、自らにとって基本的なモノを手に入れると、それによって、周りのいろいろなモノをコーディネートすることを日常的に行っている。生活文化に一貫性を持って、自分のアイデンティティを整えている。

ディドロ効果のうちの「トロイの木馬」効果の例として、仮に椅子に引きつけて探るとすれば、次のような事例が存在する。広場や公園に椅子を置かなければ、そこには人びとは座らないし、止まることはないであろう。けれども、広場や公園に椅子を置くならば、その椅子が人びとを惹きつけて、人びとは広場や公園にとどまって座るようになるであろう。ここには、椅子の持つ環境関係性が存在するといえ、さらに人びとの行動を準備させる効果を強調して取り上げるならば、椅子の持つ座ることのいわばアフォーダンスが存在するといえる。そして、広場や公園は、座る人びとのネットワークの場所を共有することになるといえる。しかしながら、このことを理解するには、このような「場所を共有するネットワーク形成」に関するもう少しばかりの説明が必要であろう。

5. 椅子の社会的ネットワーク

椅子がディドロ効果によって、社会環境を生み出す。いいかえれば椅子をめぐる社会的ネット

図18｜玄関前の通行のために椅子を置かない場所（左）と並木の下でおしゃべりの社交を楽しむ場所（右）（いずれも大学構内）

ワーク形成につながる現象をみることができる。それはどのようにして生じ、なぜ起こるといえるのだろうか。ここでいう「社会的ネットワーク」とは、人と人との直接的な紐帯のことをいうのではなく、人と人との間にモノが介在し、間接的に共通のモノの利用が行われているようなネットワークのことをいっている。[10] 人類学のマリノフスキーがクラ交換という島々の間を空間的に取り結んだネットワークを描いているが、それも同じようなネットワークのタイプである。[11] クラ交換とは、南太平洋の部族間で島々を巡って広く行われる交換形式である。これらの島々の輪の間を、時計の針の方向にソウラヴァという宝物が回り、逆回りにムワリという宝物が回り、その周りで種類が違う多くの品物が交換されていくのである。このようなモノを介在させたネットワークは、無意識のうちに、特にこのような共通の習慣形成が行われ、モノ共通の使用パターンを示すことがみられる。ここではモノを媒介とした、人びとの動作連鎖のような、ネットワークの性質を持っており、場所を共有するという特性を持つ。

椅子そのものは、単なるモノであり、一つの座る道具にすぎない。それを利用し、座ることができるのは、ふつうはその椅子を占有する一人のみだ。この章の冒頭に指摘したように、「孤独の椅子」と「友情の椅子」には、座る特定の人が決まっていて、その人がその椅子を占有することがすでに決まっている。そこには、社会的ネットワークが入り込む余地はほとんど存在しない。あたかも、クラブにおけるメンバーシップが決まっていて、それ以外の人はクラブを利用できな

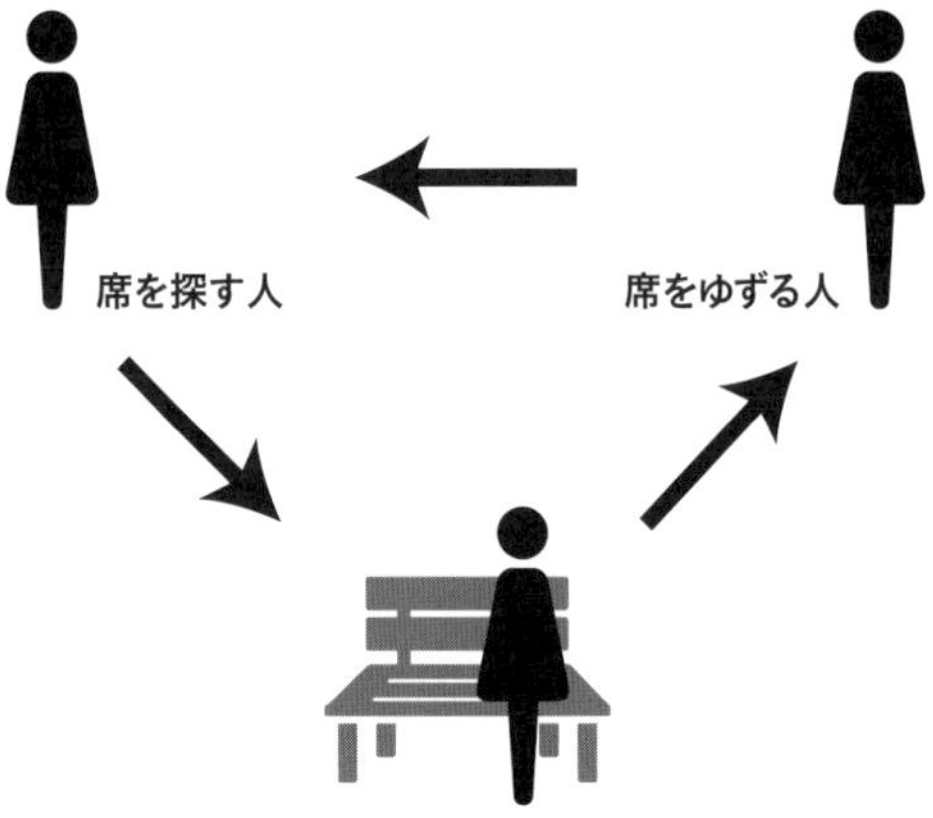

図19｜公園ベンチ利用の連鎖

いのと同じである。

人びとに開かれた椅子

けれども、前述のソローの三番目の「社交の椅子」では、座る人は特定されない。誰に対しても座ることが開かれた椅子として、そこに置かれている。そこに座ることができる人は、明らかに「孤独の椅子」や「友情の椅子」よりも、多くの人びとが座ることが想定されている。読者の方々には、いまいる自分の家の部屋をぜひ見回して欲しい。そこには、自分が座るだけの椅子しかないのではなく、自分が座る以外の椅子、配偶者の椅子、親や子どもの椅子、他の家族が座る椅子、あるいは、友人や来客が来たときに座るよう用意された椅子に混じって、ほとんど使われないとしても、誰かが座ることを期待されている椅子が存在

図20｜椅子を配置しない中庭広場（上）と椅子を配置した中庭広場（下）の違い

することに、きっと気がつくことだろう。

このとき、この「社交の椅子」には、ディドロ効果が発揮されることが期待されている。椅子は、その椅子に付随した社会環境を発達させることで、この社会環境が広がる効果を持ち、より幅広い人びとがこの社会環境の環の中に入ってきて、不特定多数の人が椅子を利用するようになる。たとえば、街角に置かれたベンチ、公園に置かれたパーク・ベンチは社交の椅子の典型例である。

ベンチの置かれた街角や公園とベンチの置かれていない街角や公園とを比較すれば、「社交の椅子」の役割はより明瞭になる。ベンチの置かれていない公園では、人びとは通り過ぎるだけか、せいぜい散歩や球技の運動に利用される公園として成り立つだろう。運動に利用されるとしてもそこにとどまるのであれば、休憩用のベンチは必要であろう。

ベンチの置かれている街角や公園では、通り過ぎる人以外において、人びとの行動に共通の「動作の連鎖」をみることができる。第一に、公園に入ってきた人は、まず空いているベンチの席を探し、席を占めようとする。第二に、みつけた席に座って、景色を眺めたり本を読んだり食べ物を食べたり会話を楽しんだり、想い想いの行為をみせる。第三に、席を立って、他の人が座ることができるように席を譲る。そのような一連の動作が共通にみられる。

ここでは、公園ベンチをめぐる人びとの連鎖が観察できる。動作を行っている本人たちからみれば、一人ずつ独自の当たり前の別々の行為を行っているだけなのであるが、ベンチをずっと観察していれば、公園に入ってきた人たちが、同じ動作を繰り返して、そこにあたかも人びとの連鎖反応が生じ、ネットワークが存在するかのような環を形成する場所が存在しているようにみえる。誰も、公園ベンチを意識しているわけではないし、共通の動作を繰り返しているという認識もない。けれども、外側からみれば、共通の「動作の連鎖」を行う幾人かの集団を、街角や公園内にみることができるのである。

椅子が作り出すネットワーク

このようにして、椅子からみれば、椅子はディドロ効果を通じて、社会環境コネクションを形成し、その結果不特定多数の人びとに開かれた、「居場所」を提供しているといえる。逆に座る人びとからみれば、椅子を媒介物として利用し、公園に集う人びとに共通のテイストを持った居場所の存在を作り出し、このようなネットワーク形成を椅子に仮託していることになる。椅子は、社会環境コネクションを通じて、関係する人びとの社会的ネットワークを媒介しているといえる。

事例として、「街角ホッとベンチ」という岐阜市の例がある（図21）。駅前の周辺部と市内の溝旗公園などに、この写真のプレートのつけられたベンチが置かれており、公共の場所でありながら一時的な休憩所として利用することがアフォード（準備）されている。これらは、ベンチの持

街角ホッとベンチ
このベンチは、本市がすすめる"歩いて暮らせるまちづ
くり"事業の一環として設置したものです。まちなか歩
きを楽しんだり、健康寿命を延ばすための休憩や語らい
の場として利用されることを目的としています。
岐阜市

図21｜岐阜市の「街角ホッとベンチ」

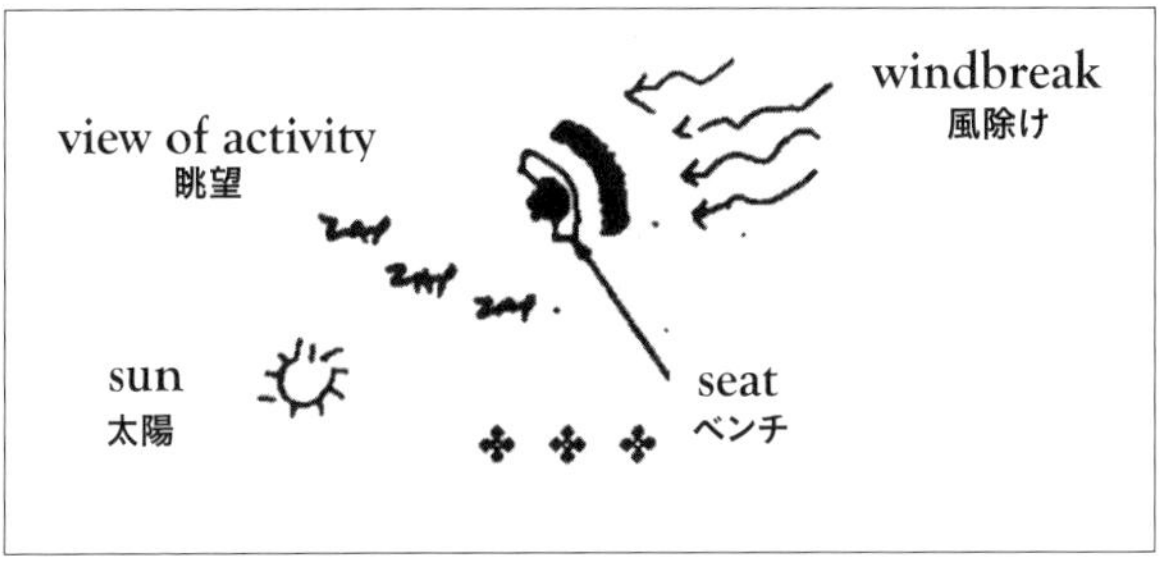

図22｜シートスポットのイラスト（C・アレグザンダー）

つ環境関係性を利用して、場所共有のネットワークが形成されていることをみることができる。散歩に出た人が、街角のベンチに座る。しかし、それは一時的な利用であり、そのベンチの席はある時間経つと、他の人に譲るか、あるいは、その席を空ける。このような連鎖的な場所の共有が街角ベンチを巡って、ベンチの置かれた周辺で生ずることになる。ネットワークではふつう人と人をつなぐ役割を持つことが強調されるが、じつはもう一つネットワークのタイプには、前述したように、マリノフスキーが描いた島々をめぐるクラ交換タイプのような、地域における空間を構成する機能もあるといえる。このような場合に使われる椅子やベンチには、空間的なネットワークを形成する機能が存在するといえる。公共的な空間より、もう少しインフォーマルで共同的な空間を形成すると考えられるのが、サードプレイス（third place）だ。ここでは、近隣関係や交友関係を補完して、より親密な関係を導出する機能を持っている[12]。

一九七七年に『パタン・ランゲージ』を表したクリスト

ファー・アレグザンダーは、屋外空間には周囲の環境とのつながりの良い「腰掛をおく場所（seat spot）」というものがあると指摘している[13]（図22）。そして、そのような場所には腰掛・ベンチを置くに相応しい特性が存在すると、カリフォルニア州バークレイでの観察地点での結果を報告している（五九二ページ）。第一に、歩行者の活動にじかに面した場所、第二に、冬季には南からの日当たりのよい場所、第三に、冬の風をさえぎる壁のある場所、第四に、暑い地方では日中の太陽を防ぐ覆いがあり、夏の涼風が通り抜ける場所、と指摘している。

もちろん、屋外だけではなく、屋内に置かれるベンチにも屋内なりの特性は存在するのだが、屋外ベンチの場所特性には興味深い点が存在する。これらの特性を得ているベンチでは、人びとが次々に連鎖的なベンチの共有を始めることがわかっている。とりわけ、第一に指摘した歩行者の活動に密接な関係性を持っていること、すなわち「歩行者の活動にじかに面した場所」が注目される点なのである。歩行者が次々に連鎖的なベンチ共有を始めることが、これらのベンチをめぐる空間のネットワークを形成することにつながることをみることができる。

この章の内容をまとめたい。第一に、ソローの三つの椅子を考察して、「社交の椅子」などの椅子の社会的機能に注目した。第二に、椅子には、「ディドロ効果」などによる環境関係性の存在することを確認した。第三に、駅のベンチや公園ベンチを観察して、椅子やベンチを媒介とした人びとのネットワークが形成されるのをみた。

椅子のネットワークには、椅子が置かれることによって、人と人のネットワークばかりでなく、その場所を結んで空間構成を行うネットワークの役割も存在することを確認した。椅子の持つネットワーク性という社会的機能についてここで考えた。

終章　椅子からみる経済社会

椅子生産を追っていくことによって、今日の産業社会と消費社会の中にみることができるクラフツ生産とクラフツ文化の隠れた特徴が浮き彫りになってくる。みえてきた特徴から椅子クラフツ文化が説明する現代の社会経済的現実を考察する。

1．クラフツ生産成立と現代経済社会の隠れた特徴

なぜ人は椅子を作り使うのか、そのときなぜクラフツ生産という方法を取るのだろうか。現代における椅子生産とクラフツ文化にはどのような特徴があり、実際に作られ使用されているのだろうか。そのことをこれまでの章では考察してきたが、じつはこのクラフツ生産のあり方をみることによって、逆に現代の経済社会の隠れた特徴が浮かび上がってくる。

とりわけ注目しておきたいのが、クラフツ生産の成立には現代社会の中でかなりの困難がつき

まとうという性質である。そして、この困難を克服して継続してきている現実が存在することである。もちろん、現代では大量生産品で、かつて喧伝されていたような「安かろう悪かろう」という商品ばかりではなく、丈夫で長持ちするような、実用的で低廉な製品が多く存在する。だから、クラフツ生産を市場から追い出し、すべてを大量生産品に置き換えてしまえという意見も少なからず存在する。けれどもここで強調しなければならないのは、その中にあって、依然としてクラフツ文化が生き残ってきているのはなぜだろうかということである。なぜ生産性が低く、労働集約的なクラフツ生産が現代社会の中でも存続しているのだろうか。

大量生産が中心の、規模の経済を追求する効率的な経済社会の中にあって、なぜ小規模生産のクラフツ生産が継続してきているのだろうか。本書の第二章では、クラフツ生産が生産性が低く、労働集約的であるために、費用と収益のバランスを崩し、恒常的な赤字体質を持つことをボウモルの「コスト病仮説」で説明した。けれども同時に、「コスト病仮説」では、クラフツ生産が赤字体質であるがゆえに、生産性ギャップが生じ、かえって必然的に、この方法が小規模生産として生き残ることも説明した。この場合には、何らかの手段を講じて、この生産性ギャップの穴埋めを行わなければ、クラフツ生産は産業としての「成立不可能性」という負の特性を持ってしまうことになるであろう。

ここでいうところの生産性ギャップによって生ずるようなクラフツ生産の「成立不可能性」は、

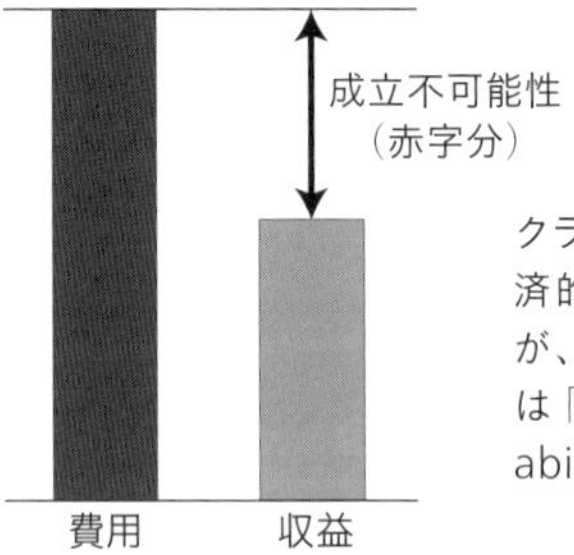

クラフツ生産での赤字分は、経済的に貨幣換算の赤字であるが、社会・文化的な意味としては「成立不可能性（unrealiz-ability）」ということになる。

図1｜クラフツ生産の産業

第二章では経済的な要因に限ってみているのだが、実際には、産業の継続においては単なる経済的な要因だけに限られるわけではない。経済的な「成立不可能性」をその他の要因で穴埋めすることも十分ありうる。つまり、非貨幣経済的な方法である社会・文化的な補完などによって補塡が可能な場合も存在する。クラフツ文化というものの存在理由は、このような「成立不可能性」が生じたときにこそ、問われることになるであろう[1]。

クラフツ生産の成立不可能性は、次のように表現できるであろう。まず、経済的な要因として考えてみたい。第二章の説明から、**図1**でみられるように費用が収益に勝る場合には、大規模と小規模との生産性ギャップによって、小規模生産は赤字状態を生み出すことになる。具体的に、生産性の高い産業の生産とクラフツ生産とを比べると、収益と費用との間には次のような違いが存在する。生産性の高い産業では、収益が費用を上回る。これに対して、クラフツ生産では一般的に、

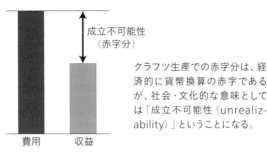

収益が費用を下回ることになる。この赤字分がクラフツ生産の「成立不可能性」ということになる。

クラフツ生産を行っている産業が長期的に赤字体質を持つ場合には、産業が成立不可能になる。この場合には、経済学のいう「補助（subsidy）」あるいは「助成的効果」によって補塡を受けなければならない。経済的補助以外にも、社会文化的な助成がありうる。ここで、椅子クラフツ生産を成立可能にする方法には、二種類のものが考えられる。第一に、経済的補助であり、公的補助、相互補助、私的補助などがみられる。第二に、社会文化的助成があり、後述するような有益な失敗、ライブ・エッヂなどを挙げることができる。第一章で指摘したように、クラフツ文化には「無名性」と「手づくり生産」という特性が存在し、後で述べるような、椅子クラフツ生産を成立可能にする「有益な失敗」や「社交効果」を惹起させる隠された作用を持っていることがわかる。椅子という日常使いの道具には、まだまだ発見されない潜在力のあることを感じさせられるのである。

2. 椅子クラフツの「有益な失敗」

クラフツ文化には「有益な失敗」という現象が生ずることが指摘されている[2]。それは、「失敗」

と表示されてはいるが、このクラフツ文化における失敗現象は近代社会でみられた失敗現象などとは多少性質を異にするものであり、むしろ逆に、人間社会の健全さを示す意味が含まれている。近代社会では、近代化の行き過ぎによる、市場の失敗や政府の失敗などの「近代社会の失敗」現象がみられた。この現象は近代的合理主義の立場からみれば、合理的な行動を貫徹できない事象が生じてしまうことになるので、このような事態は「失敗」ということになるが、他方非合理性を重視する立場からみれば、逆に市場の「外部性」などの豊かな議論が立ち上がった点から評価できるともいえる。けれども、ここではこれらの近代的失敗とは文脈を異にする生活文化の有り様を問題にするために、これらの失敗現象と並行して生じたクラフツ文化にみられる「有益な失敗」論を取り上げることにする。物事の失敗を反省して、合理的に成功を目指そうとする戦略的失敗論とは異なるものである。

「有益な失敗」とは、次のようなことである。第一章でみた事例を再び取り上げることにして、**図2**に掲げた写真のスツールに注目したい。木目を活かすためには、楔を目立たないようにした方が良いと伝統的には考えられてきた。この意味では、このスツールの楔は黒い素材で目立ちすぎて、「失敗」している。けれども、あえて楔を目立たせることで、かえって「顔」のような表情が出てきており、木の持つ面白さが発揮されている。このように、合理的な追求では、失敗しているることが偶然にも素材の特性をかえって活かすことにつながっていることがわかる。機械生産では、このような失敗は許されずに、合理的にこのような失敗を排除することで、機械生産たりうることになる。けれども、椅子クラフツ文化では、手仕事生産の中でこのような失敗をそのまま活かすことを学んできている。

モンテーニュ『エセー』によれば、「有益な失敗」は「神は人間にできないことを思い知らせ、人間を鍛錬する」ために、失敗であることを知らしめようとしたとされる[3]。快楽が苦痛を伴うことで、程よい節制の効いた楽しみに変わっていくように、物事は失敗を受け入れたのち、生活に定着する。睡眠でさえ、人生のように深く味わい反芻することを求めるのであれば、誰かに邪魔されることでむしろ良い眠りに陥っていくだろう。モンテーニュがいうように、「もっともすばらしい生活とは、ありふれた、人間的なかたちにぴったり合ったもの、秩序はあるけれど、奇蹟とか、逸脱や過剰はないようなものである」。人間の才能は競争すればわかるように、多くの人の才能は凡庸であり、敗者を累々とつくり出している。しかしながら、「有益な失敗」においては、この凡庸さこそじつは健全であり、有益であると考えるのだ。社会学者R・セネットの『クラフツマン』は、このような「有益な失敗」例を、次のような、啓蒙主義が描いたガラス吹き工にみている[4]。

セネットは「自分は完璧性を欠いている人間だと自覚する者のみが人生についての現実的な判断を育て、有限で具体的な、したがってまさに人間的な事柄を選ぶことができそうだということ

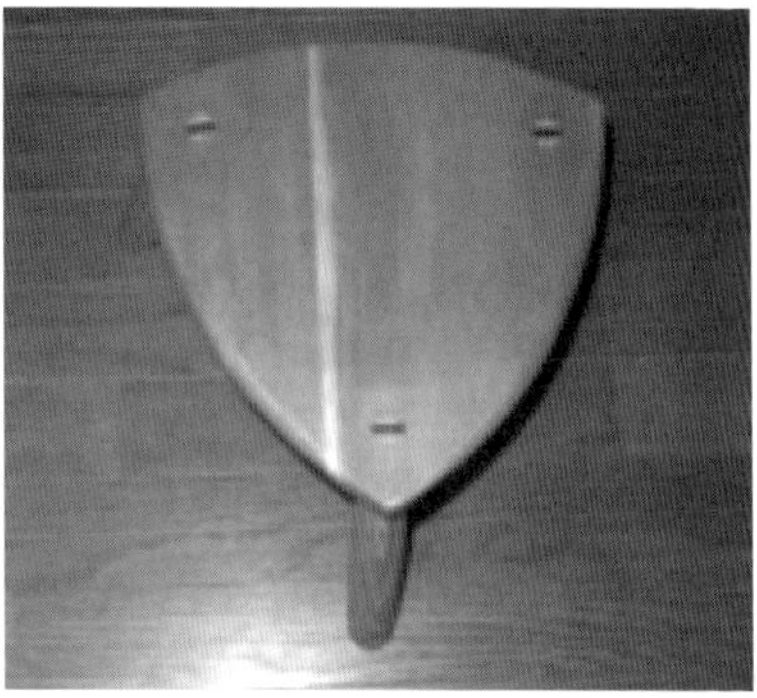
図2｜スツール

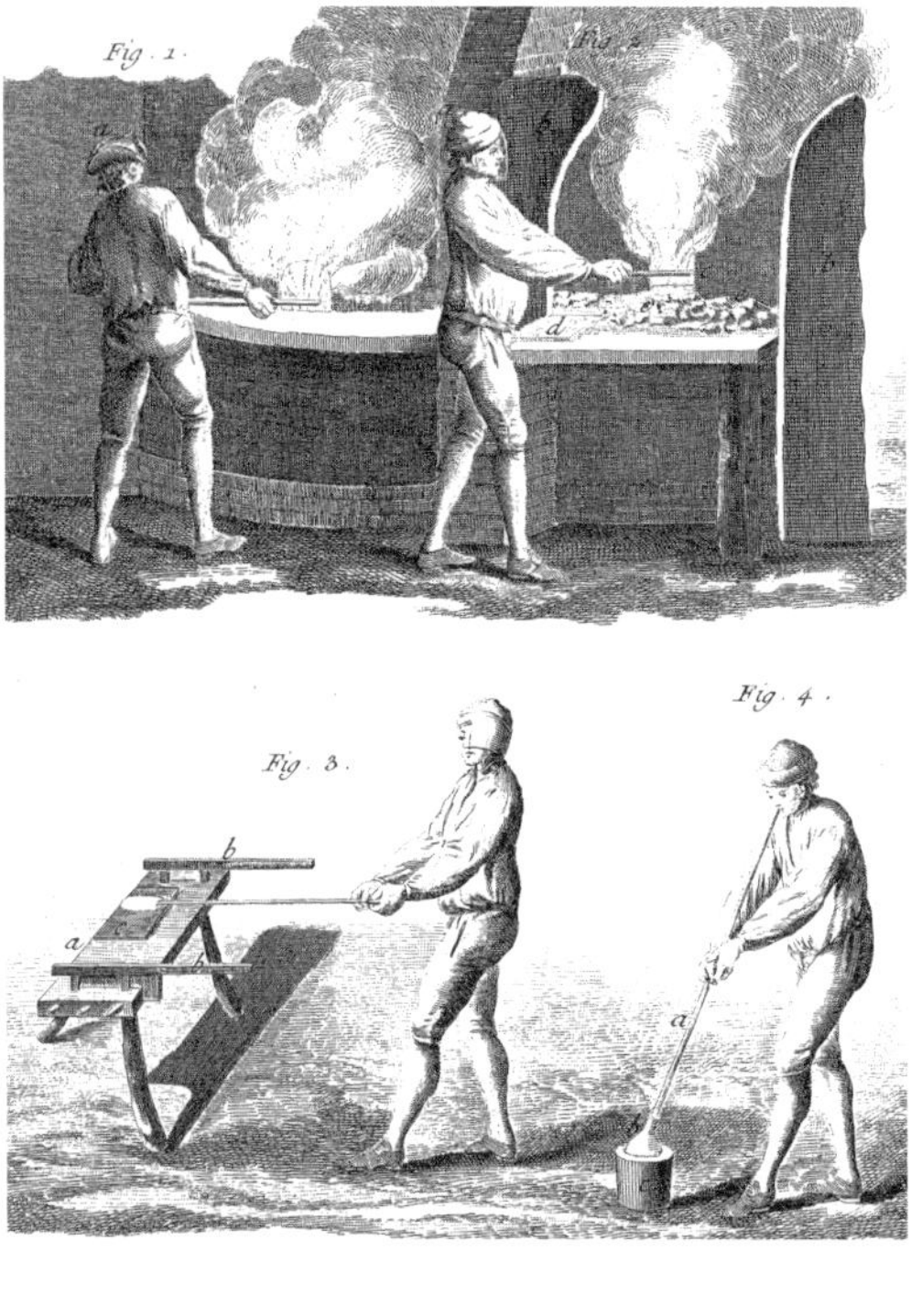

図3｜『百科全書』に添えられたガラス工の図

である」と指摘し、さらに、「ガラス工の項目で『百科全書』は、完璧ではない手作りのガラスには美点があると強調している。その美点とは、不規則性と独自性、そして執筆者が漫然と『個性』と呼んでいるものである。かくしてガラス吹き製法に関する二組のイメージは切り離せない。ある事柄がどのようにして完璧に行われうるのかを理解して、初めてその替わりとなるもの、すなわち特異性と個性を有するものを察知するのだ。たとえば、ガラス板に気泡が入っていたり表面が平らでなかったりしても、賞賛の対象になりうるのである[5]」。

上記の「完璧性を欠いていることを自覚する者のみが人生についての現実的判断を育む」ということが実現されるためには、すなわち手づくりのクラフツ生産において、自分自身のうちに「完璧ではないこと」つまり「不完全性」を受け入れることである。

効率性を重視するという近代社会特有の価値観においては、手仕事のクラフツ生産は「失敗」している。けれども、機械生産の変容の中で、手仕事の有益性が保持される可能性があった。有益な失敗が生ずることで、不完全性が認識され、それによって生産性の低下する問題を他の何かで補完することが生じたのである。「他の何かで補完する」仕組みの存在こそ、「有益な失敗」となるのだ。

3. 「有益な失敗」と台形シート

本書の第三章と第四章の中で、木工家のつくる椅子では台形シート（trapezoidal seats）が一般的だと述べてきた。見方を変えれば、この台形シートという意匠も「有益な失敗」の例であると考えることができるかもしれない。椅子の後ろが狭まっていて、前が広がっている座面シートの椅子を、なぜ専門的な木工家は製作するのかとこれまでの章でも指摘してきたが、再びここでも取り上げてみたい。

ダンピエール『椅子の文化図鑑』によれば、この台形シートが歴史に登場してきたのは、フランスの十六世紀中頃であるとされる。[6] 図4の写真はルーブル美術館所蔵のものである。カクトワール（caquetoire）椅子と呼ばれたもので、英語では、ゴシッピングチェアと呼ばれた。女性が暖炉のそばでおしゃべりをするために作られたとされている。当時の女性のゆったりとした、ヴェルチェガダンなどのスカートをうまく収めるために、台形シートのデザインとなったという説明が一般的だ。つまり、サロンなどにおいて会話を行うためには、身体を左右自由に動かすことができることが想定されていたということになる。

カクトワール椅子に座るということは、他の人と会話を行うことが準備されている状態を示していることになる。カクトワール椅子は、まさしく社交のための椅子と呼んでよい椅子だと思わ

図4｜シェーズ・カクトワール（16世紀中頃）

れる。さらにはこの椅子はおしゃべりに対応するために、それまでの椅子より軽量で、持ち運びが可能な状態を保つ必要があった[7]。

さて問題は、なぜ台形シートで椅子の座面が作られるのか、という点である。前述してきたように、現代の機能主義的な解釈では、足の広がりに合わせて椅子がデザインされているということになるし、また上記の歴史的な解釈に従えば、スカートに合わせてデザインされたということになるだろう。

いずれにしても、共通しているのは、四角シートで作れば、無駄なく時間もかからないにもかかわらず、木工家はあえて手間のかかる台形という形態を選んで作るという、制度上の思考習慣、すなわち製作習慣が存在するということである。たとえば、台形シートであるためには、座面を支える脚を補強する貫も斜めに入れなければならないので、直角のホゾ組みよりも手間がかかる。ところが、カクトワール椅子にひとたび台形シートが取り入れられてしまうと、そこでは明らかに生産性向上という点では「失敗」しているにもかかわらず、椅子としてみれば、文化的・社交的には有益性を確保していることになるだろう。カクトワール椅子において、このような社交性などの非生産的な要素をひとたび取り入れたならば、そしてこれ以降、椅子生産がこの方向性を持つならば、非生産的な台形シートは存在価値を持ってしまうことになるのだ。

なぜ「有益な失敗」がクラフツ文化を超えて、社会の転換を呼び起こすところまで影響を与えるに至ったのだろうかという点が残された問題である。大局的な見方をするならば、それはフォーマルな人間関係では失敗するのだが、インフォーマルな人間関係に対して、有益な方法を提供するからであるといえるのではなかろうか。

近代社会では、むしろ「失敗」は除外して、「成功」したものだけを残すことで、インフォーマルな家族関係やコミュニティ関係を分断し、フォーマルな経済社会組織へと再編成してきた歴史がある。ところが、フォーマルな人間関係では、「失敗」と考えられていたことが、後からみると、インフォーマルな人間関係では「有益」と考えられるようなことが現れてきている。たとえば、遊びというものは、企業組織内では怠業につながるとして排除の対象となった歴史があるが、家族やコミュニティでは重要な要素であり続けた。不規則性や独自性などの個性は、不完全性をみせるように思われるが、有益な美点として発揮される場合があるといえる。このような社会の中でのインフォーマル部分への働きかけという点において、「有益な失敗」は有効である。「有益な失敗」は、機械生産の中では失敗として弾かれるが、手づくり生産ではむしろ「有益」だと受け入れられる。

公園や緑地、あるいは椅子でいえば、パーク・ベンチは、都市の有効利用という効率性の観点からは、明らかに「失敗」している。無駄な土地利用、無駄な椅子が存在することになる。けれども、なぜか公園が存在し、その公園には、ベンチが置かれているのである。人びとがベンチを休憩に使うという効用はすべての人びとが理解している。けれども、それは公園が設置されるようになり、そこにベンチが置かれることが公式化されてからの説明だろう。公園ができる前に、ベンチが公園になぜ置かれるようになったのかを説明できる人は、そう多くはないだろう[8]。

生産性の低下する部分を抱え込むには、その低下部分を補完する何かが必要になる。これがネットワーク形成が必要とされる理由となった。ベンチを共有する人びとを創出することになったのである。つまり、「有益な失敗」は三者関係性を誘発することで、ネットワーク形成を成立させることができる。その社会環境に埋め込まれている潜在的な（ポテンシャルな）エネルギーを惹起させることができる。この介在するネットワークによって、二者関係から三者関係への転換が可能になり、ネットワークによる補完効果が発揮されることになる。

4. なぜ三者関係が生ずるのか

そこで、椅子を巡って、ネットワークなどの補完の仕組みが整えられることになった。つまり、有益な失敗は、三者関係を誘発する可能性を持っており、これによってネットワークによる補完を形成することになる。ここで少し椅子から離れて、ネットワーク一般について考えてみたい[9]。

二者関係よりも三者関係が優越するとされるネットワーク性については、ひとつには、発展論

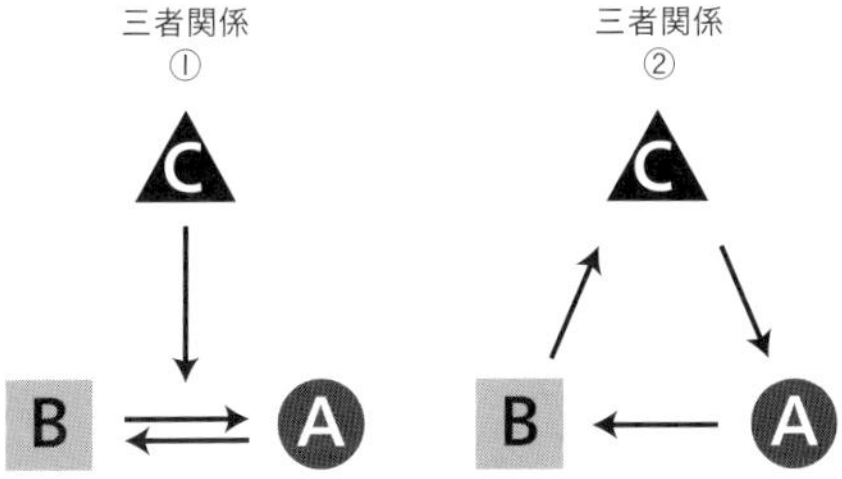

図5｜三者関係の2つのタイプ

の視点がある。二者関係が限界に達するために、三者関係が必要とされるというものである。二者関係では、二者間で完結してしまって、閉鎖的になってしまう可能性がある。両者間の取引が終結してしまうと、外へ向かっての発展は阻害されてしまうことになる。有益な失敗の中で、二者関係では閉鎖的で内的に「失敗」と認識されたことが、三者関係では外的な要素を呼び込むことで、「失敗」と見なされなくなる。

もうひとつは、三者関係に積極的な作用がある、という見方である。三者関係の有効な作用として、外へ向かって発展させる力学が働く場合が存在する。これは二者関係にはない動きである。[10]

けれども、発展の優位性があるから、三者関係が優越しているとは必ずしもいい切れない。ここで三者関係の「悩み」論が登場することになる。三者関係の第三者があたかも二者関係の片方のごとくに、三者関係の中に現れたらどうなのかという疑問である。これは船曳建夫氏によって指摘された問題である。[11]

三者以上の社会関係には、従来から対立する二つのタイプの

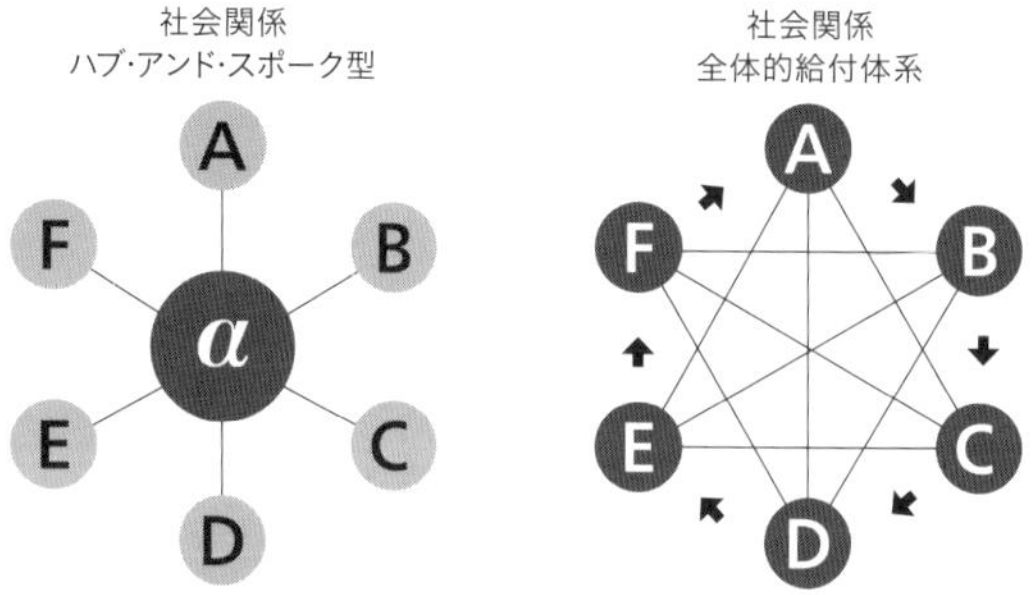

図6｜社会関係の2つのタイプ

あることが知られている（図5）。一つは、J・J・ルソーなどによって唱えられてきている「社会契約説」的な三者関係である。三者がバラバラである状態から、統一体を形成する方法を導いたことで、近代社会の形成原理の一つとして、有名になった方式である（図6左）。多くの人びとの持つ市民権を一つの場所に仮託して、統一体を形成しようとする社会的な第三者の創造である。ネットワーク論からいえば、ハブ・アンド・スポーク型と呼ばれているタイプである。

もう一つは、後述するように「全体的給付体系」と呼ばれるもので、典型的には集団の中で総当たり的な相互関係を結びつけるものである（図6右）。このタイプは、オープンな構造を持っていて、多くの人びとをネットワークの中に呼び込むことができる。したがって、ネットワークの参加性が高まるし、リスク分散が可能なタイプであるといえる。

二者関係よりも三者関係が優越することについて、組織心理学者K・ワイクは、三者関係への変化は、「第三者に対する二者間の同盟（alliance）の可能性が存在する」からであると主張している。[12] すなわち、統制・協同・競争・影響などの現象が二者関係では抑えられていたが、三者関係以上から生ずると考えられている。さらに三者関係は、二者関係に比較して、もろさが少ないからだという理由をあげている。二者関係では一人が抜けると、社会的単位が維持できないが、三者関係以上では、一人が抜けても社会性が維持されるとしている。ネットワーク性には、リスク分散の機能が備わっているといえる。

この同盟関係が形成されることをもって、三者関係が成立することを明らかにしたのは、文化人類学のM・モースである。彼は、贈与システムが「全体的給付体系」として生ずることを、事例を提示しつつ述べている。全体給付体系とは、二つの組織間で、受け取った贈り物に対して、お返しをする義務があると考える体系なのだが、この関係が通常の商品取引のような経済的な関係だけに限られず、儀礼や婚礼に至るまで、すべての事柄で相互補完的に行われると考えるシステムである。その中で、この「全体的給付体系」の例示として、オーストラリアやアメリカ北部の間でみられる、二つの胞族どうしの連盟関係（アリアンヌ）ではないかと思われるとして、次のように指摘している。[13]

わたしは以上のすべてを全体的給付の体系と呼ぶことを提案した。こうした制度をもっとも純粋に例示しているのは、オーストラリアやアメリカ北部の諸部族において一般的に見られるふたつの胞族どうしの連盟関係ではないかと思われる。そこにおいては、儀礼でも結婚でも財の相続でも、法的な紐帯でも利害関係の紐帯でも軍事的な階級でも宗教的な役職の階級でも、すべてのことがらが相互補完的であり、一つの部族の二つの半族どうしの協力関係を前提としている。（『贈与論　他二篇』七〇ページ）

この「全体的給付体系」を成立させている要件として、次の三つが考えられている。第一に、贈り物を行う義務がある。第二に、贈り物を受け取る義務がある。そして、第三として、受け取った贈り物に対して、お返しをする義務が生ずると考えられている。この点から類推することができるように、確かに有益な失敗では、二者関係では失敗だと思われることが、三者関係を呼び込むことで、失敗とは見なされなくなるという認識の転回がもたらされるのだ。

社会に埋め込まれた経済

このような経済のあり方は、経済史家K・ポランニーによって「社会に埋め込まれた経済」と呼ばれた[14]。市場経済では、物的な生産と分配は、市場メカニズムによる需給が調整される自己制御的な市場によってもたらされると考えられた。市場制度は、社会の中の他の制度、親族組織や政治制度や宗教などの制度から切り離された経済を運営することになった。それに対して、市場システムが上手く機能しない場合には、それに代わるような、「社会に埋め込まれた経済」を機能させる代替的システムが必要とされるだろう。とりわけ、前述したような木工家や手仕事職人や、さらに公共的な経済のあり方などにみられるように、時間がかかるような人材の配置、労働組織の形成、都市計画のような土地利用の配分などの生産要素、とくにポランニーによって擬制商品（fictitious commodities）と呼ばれる財においては、需給の調整には困難が生ずることが知られている。たとえば、人材育成での手仕事職人の徒弟制度にみられるように、育成する側と育成される側との間にはかなりの誘引と持続の困難が生ずることが知られている。このような困難は、二者間の交換のみで解決しようとする場合にはとりわけ難点として顕著に現れてしまう。ここで、二者関係の限界が生じ、三者関係が求められるようになったという認識が効いてくることになる。そして、なぜ「社会に埋め込まれた経済」が二者関係から三者関係への橋渡しになったのだろうかという視点が重要となってくる。

この議論を追う中で明らかなように、ここでは、いかにして人びとの間に社会関係が形成されるのかに関して、いわば推論形式で追究しているといえる。この中で、それぞれ重層的に推移するのではあるが、三段階の過程を経ることをみている。一者関係・二者関係・三者関係の三段階であり、一者関係から二者関係へ、二者関係から三者関係へと移行することを推論している。とりわけ、二者関係から三者関係への移行において、二つのタイプのネットワーク関係が解析され、その理由についてここでは明らかにしている。互酬的関係性の中でも、全体給付体系に注目して三者関係の生成を理論づけている。

さらに、第七章で指摘したように、三者関係についてはクラ交換的な「場所のネットワーク」ということが重要である。椅子やベンチには場所を保つネットワークを形成する触媒となる可能性がある。街にベンチを設置することには、空間的な意味がある。前述したように、互酬制はさまざまの形態が報告されているが、その多くのものは内在的な特徴を重視したものとなっている。つまり、交換メカニズムを代替する機能を持つものとしての互酬制が尊重されてきた経緯がある。この考え方それ自体はネットワーク発生を説明する上でたいへん重要な考え方であることはいうまでもないのだが、けれどもクラ交換には他の互酬制に優って特徴づけている点がみられることも事実である。第七章でもみてきたように、マリノフスキーは『西太平洋の遠洋航海者』の締め括りの章で、クラ交換には地域社会間の新しい関係がつくられると指摘していて、そこには地理的な「円環的構造」をみることができると指摘している。これはまさに、クラ交換の持つ空間構成機能である。ヴァイグアが媒介物として流通するときに、一方では原始的な貨幣のように、疑似交換機能を持つことはよく知られている。ここでは、ヴァイグアは交換を刺激し、コミュニケーションやネットワークを形成することは、これまで幾たびか本書で強調してきた。けれども、もう一つの

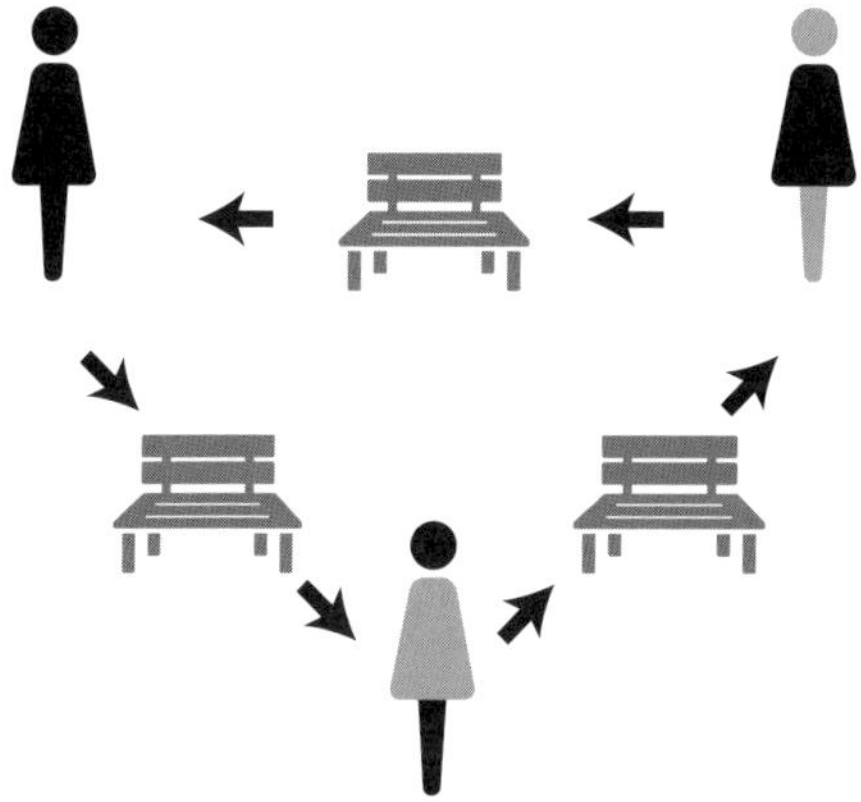

図7｜椅子をめぐる社会効果

重要な機能として、クラ交換の「円環形成機能」を持ち、地域社会間でのネットワーク形成を成し遂げていることをみることができる。これは、空間的で存在論的な現象を位置づけている。椅子やベンチは地域のアイデンティティを有効に取り出す道具として位置づけられることになる。

5. 社交を促進する道具としての椅子

椅子をめぐって重要だと考えられる点は、椅子というものがこの椅子を受け入れる人びとの間において、社交という相互作用が生じることである[15]。椅子は人を座らせることによって、人間の社交活動を促進する機能を持っている。とりわけ、座ることによって、立って仕事をすることから逃れて、歓談を楽しむという社交性を発達させることが、椅子には

図8｜ディオニューソス劇場（ギリシア）

図9｜日本の参議院議場と英国下院議場

求められているといえる。椅子が社交性を媒介する事例を社会の中にみつけ、ここで、そのいくつかをみていきたい。第一の事例は、公共的な役割を持ったベンチ・シートである。これは不特定多数が利用する。第二の事例は、政治的な役割を持ったシートである。第三の事例は、対話や談話の役割を仲介するベンチである。

ベンチやシートの役割

椅子クラフツが身の回りの生活文化の中で形成されてきたのは確かだが、それが広がって、共同あるいは公共の場での使用が高まるにつれて、それに合うようなベンチやシートが生み出されるようになってきた。現存する中で最も古いものに属する公共的なベンチ・シートは古代ギリシア・ローマの劇場の石で作られた座席シートである。それ以来、公共椅子は見世物・劇場のシート、市民ホールの座席、広場のベンチなどの中で発達してきている。むしろ逆に、ベンチやシートがあることで、公共的に座って良い場所の表示に役立っているといえる。

それらの中でも、典型例は議会の椅子である。政治で使用される椅子は、そこで討論が行われることを促進する椅子となっている。椅子は伝統的な王座のような使い方だけではなく、近代化の中で、議会で使われるような政治的な椅子が生み出されてきた。椅子の形態や、さらに椅子の並べ方によって、その国の権力や権威のあり方から政治的な態度や統治文化が現れ、討議が行われる社会環境を作り出している。

たとえば、日本では儀式ごとに出される「天皇の椅子」あるいは「皇族の椅子」はそれぞれ象徴的な意味を付与されており、名だたる木工家が歴代担当して製作されてきている。また日本の議会では、議会場の前面に総理大臣をはじめとして閣僚が並び、議員は階段を数段下がったところに、中心を向くように座っている（図9上）。このような椅子の配置は、権威主義的な配置を保っているといえる。

これに対して、英国では閣僚・政府側と野党側とは対等のシートを両側に分けて与えられ、対面した論戦を行うことが、シートの並びで示されている。民主主義的な椅子の配置である（図9下）。いずれの椅子の並び方をとるにしても、討論や対話が行われることが想定された上で、議員席の椅子クラフツの製作がかなりの時間と費用を掛けて、周到に行われていることがわかる。椅子の配置が討論の在り方まで支配しているのではなかろうか、あるいはそれがいい過ぎならば、政治・統治文化を体現した椅子が討論の様子を象徴しているといえるであろう。かつて、スペインの哲学者オルテガは、「支配とは、握り拳の問題であるよりも、むしろお尻の問題である」といったことがある。[16] 政治的な問題は、じっくり椅子に座って、世論の間の話し合いで行われるべきで、手を挙げて暴力に訴えるべきではないという意味で、「お尻の問題」と提起したのだ。つまり、椅子は座り方を通じて、政治のあり方、討議文化のあり方に影響を与えている。

このようにして、椅子は「お尻の問題」を提起する道具として働いているが、前述のディドロ効果が有効に作用するならば、椅子は単に座るだけの機能を持った道具ではなく、社会環境コネクション機能を持った道具であることがわかる。適切な椅子が作られるならば、そこで人と人との間を媒介して、そこに参加する人びとに共通の活動を許す居場所を提供しているのである。

人びとに開かれた公共椅子

椅子は、このような居場所で実際にどのような働きを及ぼしているのだろうか。議会の椅子では、公共の場所であっても、提供される席には特定の人が座ることになっていて、椅子を媒介とする人と人をむすぶネットワークも隣同士や政党ごとのような、公式的な関係に沿ったものである場合が多い。自分椅子や共同椅子などと同じように、座る人がほぼ特定されている。

けれども、ここで注目されるのは、椅子が同じ公共椅子として提供されるとしても、座る人が特定されない場合である。先ほど挙げた劇場用のシートの多くは、指定席である場合が多い。これに対して、同じ劇場用であっても、当日券などでは、指定席でなく自由席で、座る人が特定されないこともある。劇場用のシート以外にも、広場や公園のベンチなどを挙げることができる。

社交という観点から注目できるのは、世の中で数多くの議論を媒介してきたベンチがあるということである。オックスブリッジなどの大学街パブのベンチには背板が高く作られている伝統的なセットル形式の代表的なものが置かれているのをみることができる。たとえば、英国のドラマなどでは時代考証が行われて、貴族の椅子と執事たちの椅子との違いが織り込まれている例をよくみる。日本の中でこのような議論の行われるようなベンチを挙げよというならば、京大北門近くの喫茶店「進々堂」に設置されている、黒田辰秋製作のベンチと大テーブルは、収容人数規模といい、刻んできた歴史といい、長時間利用できるという包容力といい、最右翼に位置することだろう（図10）。わたしの勤め先の合宿の折に、学生の方々とここで待ち合わせて、議論を行う機会がたびたびある。ときには数時間にわたってベンチを占めることも珍しくない。近くに住む学生であれば、このベンチとテーブルで論文を書いた経験のある人びとは数多くいることだろう。この大テーブルとベンチで書いた論文内容の多くは、ここでの議論の雰囲気を吸収して書かれたことだろう。

先日、わたしたちは大テーブルの角の一部で話を始めたのだが、気がつくと、もう一方の端でも他の方々が議論を始めていた。このテーブルとベンチの大きさは魅力だ。まったく関係ない議論が同時に、一つのテーブルの中で行われるという珍しい光景があちこちの大テーブルで毎日展開されているのだ。途中、観光客が関係なく、大テーブルの真ん中の席に入って座っても、同席を許す距離感がこれらのベンチや大テーブルには存在する。

哲学者H・アーレントは書いている。[17]「世界の中に共生するというのは、本質的には、ちょうど、テーブルがその周りに坐っている人びとの真ん中（between）に位置しているように、事物の世界がそれを共有して人びとの真ん中（between）にあるということを意味する。つまり、世界は、

図10｜喫茶店「進々堂」の木製ベンチと大テーブル（黒田辰秋製作）

図11｜セント・ピーターズバーグの設置ベンチの絵はがきと復刻されたグリーンベンチ（下）

すべての介在者（in-between）と同じように、人びとを結びつけていると同時に人びとを分離させている」のだ。議論はパブリックな世界を求めており、これらのベンチや大テーブルは議論する彼らを媒介しているのだ。

グリーン・ベンチ・シティの伝説

議論や対話だけが社交のしるしではない。シュムーザー（おしゃべり）たちが座って話す雑談とベンチはこれまでも注目されてきている。前述の貴族サロンにおけるカクトワール椅子（おしゃべり椅子）のエピソードもここに入れてもよいが、もっと身近な話もある。たとえば、米国フロリダ州にあるセント・ピーターズバーグは、かつてグリーン・ベンチ・シティと呼ばれていた（図11）。

歳をとったら、ベンチに座って街を眺めていたい、という穏やかな願望が聞かれることがある。これは映画のシーンでもよくみる社会慣習であるのだが、この社会慣習のためにかえって、高齢化率を低下させる都市政策がとられたとき、ベンチが撤去されてしまったという街の伝説がある。歳をとるという高齢社会のあり方と、ベンチとには、因縁の関係がある。

それは、「グリーン・ベンチ・シティ（伝説）」と呼ばれるものだ。前述のフロリダ州セント・ピーターズバーグ市では、一九〇八年あたりから不動産屋によってベンチの設置が始められ、その後市長の肝いりで濃緑色のグリーン・ベンチが一九一六年から設けられた。最盛期には七千基のベンチが街に存在したのだそうだ。七千基という数は相当なもので、それ自体が地域資産となるに相当する基準の量だといって良いだろう。ベンチというものは、お年寄りにとってシンボルなのだと、文化人類学者のベスペリ著『*City of Green Bench*』は指摘している。[18] それはあたかも、心のこもったもてなしや、友達のような好意、そして、ほとんどすべての人びとを受け入れてくれそうなものであることを、ベンチは現している。よくいえば、ソーシャル・キャピタルとして機能して、お年寄りの暮らしの向上に役立ったということになるが、悪くいえば、このためにこの市の高齢化率が上がってしまったことになるのだ。フロリダだから、おそらく米国の各地から高齢者の移住者たちが押し寄せたことは想像に難くない。どのくらいだったのか、という報告が行われているのだが、六〇年代から七〇年代のピーク時には、六十五歳以上人口が三〇%を超えてしまったという。ところが、六〇年代後半にはベンチが撤去され、二〇〇〇年には、一七%にまで低下したのだそうだ。また、平均年齢も四十七歳から三十九歳にまで低下している。

ここで登場するのが、ベンチというもののイメージなのだ。ベンチには、上記の老年イメージがつきまとうために、ついに若年対策として、すべてのベンチが一九六〇年代後半に取り除かれてしまうという事態に立ち至ったのだ。[19] もちろん、ベンチを取り除いたくらいで、どのくらいの社会的影響力を持ったのかはわからないだろう。おそらく、若年向けの都市政策が他にも出動されたことも作用を及ぼしているに違いない。

さて、ここでベンチに対する考え方が二つに分かれることになる。「ベンチに座って、老後を過ごしたい」派なのか、「ベンチに座らず、若く働きたい」派なのか、ということだ。セント・ピーターズバーグ市は、最初ベンチ設置派が、二十世紀初頭に増加した。けれども、六〇年代以降、ベンチ排除派が増大した。このことはちょうど、米国では六〇年代までソーシャル・キャピタルが増加し、その後八〇年代へ向かってソーシャル・キャピタルが低下したといわれる時期にぴったり合っている。

そして、現在に至って、このグリーン・ベンチが見直され、少しずつ若い層でも、ベンチ設置派が増してきているところなのだ。グリーン・ベンチ・シティが伝説化したことで、ブランドとしての価値が出てきたのだ。結果として、ベンチ製造業が復活し、この商標のビール醸造業が起こり、グリーン・ベンチ・マンスリーというコミュニティ新聞が発行されるようになっている。ここがベンチというものの二律背反する魔法的な威力を持っているところだといえる。両方の意味を併せ持つから、評価できるのだ。

さて、椅子という人間の道具は、それ自身では完結できないように作られている。座るということは、作る人が居て、座る人が揃っているだけではまだ不十分で、椅子が存在して、これらの人びと全体を仲立ちすることが必要なのだ。椅子の持っている欠如の構造には、奥深いところがあって、椅子という道具の単体だけではその欠如を埋めることができない。ハイデガーが道具の瓶を観察して述べたように、瓶は空洞で成り立っており、空洞であるからこそ道具なのである。「瓶の瓶らしさは注がれたものを捧げることの全体のうちで、本質を発揮しています」と述べて、道具は空洞であるからこそ、生活全体にとってゆるやかに役に立つことを彼は指摘している。[20] まさに、椅子こそ人が座るべきところである、空洞の空間を持つことで成り立っている。

吉野弘の詩に倣っていえば、椅子の世界は作る人びとと座る人びととの「総和」でできている。詩では、「生命は／自分だけでは完結できないように／つくられているらしい／花も／めしべとおしべが揃っているだけでは／不十分で／虫や風が訪れて／めしべとおしべを仲立ちする／生命は／その中に欠如を抱き／それを他者から満たしてもらうのだ／世界は多分／他者の総和」と記されている。椅子も作られるだけでは成り立たなくて、もちろん使われるだけでも成り立たなくて、人と人とを仲介して、椅子は成り立っている。椅子は座ることがなければ、そもそも欠如の道具なのだ。人のお尻が満たされて、ようやく満たされることになるのだ。[21] しかし、椅子が作られてしまえば、誰によって作られたのかは知らなくとも道具として使われるし、誰によって座られるのかもわからない。もしかしたら、何年も経って、そこにたまたま居合わせた、ただばらまかれた者同士や互いに無関心なバラバラな間柄同士で座ることもあるかもしれない。フランスのクリストフ・シャブテがイラストで描いたパーク・ベンチのように、ときには疎ましく思われることさえあるかもしれない。[22] 椅子という道具は、ゆるやかに構成されていて、基本的には誰でも受け入れ、全体としてみれば座ることが自由に許されているものなのだ。椅子職人によって椅子が作られ、家などの座るところに運び込まれて、居場所を与えられる。形の良い椅子が家のシート・スポットで手招きして待っている。座る人は届けられた椅子に身体を埋めることになるのだが、作る人は果たして誰かを思って、その椅子を作ったのだろうか。

椅子は生活の中に埋め込まれて使われる。なぜ生活空間の中に椅子が配置されるのかは明瞭だ。椅子で構成された空間は多様な人びとを受け入れる余地を提供する性質があるからだ。椅子に座るということは、生活全体に座るということだ。「有益な失敗」を得て、生活に張り巡らされたネットワーク全体に座るということだ。

6. まとめ

以上で、椅子がなぜ作られ使用されるのか、そして、なぜ椅子がクラフツ文化というあり方を継承してきているのかということを、本書全体を通じて考えてきた。最後に、各章の内容を改めて確認してみよう。

第一章では、「なぜ椅子クラフツを取り上げるのか」を考えた。古代エジプトの壁画に描かれた椅子職人をみながら、椅子クラフツの特徴を確認し、「記名性と無名性」「手づくり生産と機械生産」の間に、クラフツ生産の特徴が存在することがわかった。かつては、無名性と手づくり生産重視の産業を営んでいたクラフツ生産だが、今日のクラフツ生産は必ずしも純粋に無名性と手づくり生産に特化しているわけではない。けれども、それにもかかわらず、クラフツ生産文化特有の現代的特性を示しつつある。生産性が低くても、なぜ大規模企業に伍していく力がクラフツ生産には存在するのかについて問題提起した。

第二章では、「椅子クラフツ生産はいかに行われているか」というテーマを考えた。ここでは、なぜクラフツ生産では赤字構造が恒常的に生ずるのか、という点を理解することが重要である。現代のクラフツ生産を観察すると、小規模生産に特徴があることがわかった。現代の木製家具製造業を取り上げると、生産額が減少傾向を示す中で、規模の大きな企業での生産性向上が進んでいることも確かだ。しかし他方において、生産性が低く労働集約的な特徴があっても小規模生産が生き残り、この小規模生産の持つ柔軟性や連結性や自己完結性などの理由によって、クラフツ生産は現代においても持続する傾向を示していることが理解できた。

第三章では、「近代椅子はどのように変化してきたか」について考えた。武蔵野美術大学の美術館に行き、近代椅子コレクションを拝見した。この中で、近代椅子の特徴として、シンプルさや軽量性などについてみた。たとえば、トーネット椅子を典型例として、機械生産・量産性などについて考えた。また、近代椅子の世界には、アーツ&クラフツ時代にみられたように、機械による量産だけではなく、手づくりによる職人技の特徴のあることもみた。そして、建築家椅子の時代・北欧椅子の時代では、家具や建築との有機的関係・空間構成などの系統的な椅子作りが今日まで続いてきているのをみることができた。

第四章では「なぜ椅子をつくるのか」というテーマについて、椅子製作者の指田哲生氏に話を伺いながら考えた。椅子製作は、製作者と椅子と素材との関係を持っていると考えることができる。「なぜ椅子をつくるのか」という問いに対する答えは、第一に、製作者は素材との関係で、素材の性質を重視しながら製作にかかることがわかった。第二に、製作者は製作する椅子との関係で、表に現れる、あるいは裏に隠れた技能を発揮して製作を行うことが理解された。そして第三に、椅子自身が素材や製作者との関係の中で、製品・作品として、独自の自由さを発揮するような領域を獲得していることがわかった。

第五章では、「椅子に何を求めるか」という点について、椅子使用者の立場からみた。この結果、第一に使用者からみると、座る機能を満たすためには、「座り心地」が大事であるといえる。なぜ「座り心地」が重視されるのだろうか。座るという動作には、背骨や坐骨や骨盤に体重がかかることによる「痛み」という不可避の不快がつきまとうからであり、椅子に座って「快適」を求めたにもかかわらず、かえって痛みによる「不快」を引き受けざるを得ない状況があるからである。椅子を利用するときには、この痛みからの「不快」を回避することが問題となることが理解できた。第二に、椅子のデザインも、椅子使用者にとって重要な意味を持つ。椅子には、座る機能以外にもいろいろな機能が存在する。この中でも、視覚的な役割は重要である。つまり、座る機能に加えて、装飾的な機能が求められることになる。第三に、椅子に求められるのは、生活道具としての価値に見合った働きである。そのため、椅子使用者にとって、どのくらいの費用がかかるかに椅子の価値がかかってくる。椅子の経済的価値がどのように決まっているのかをみた。

第六章では、「生活文化としての椅子」というテーマで、特に子ども椅子に注目した。第一に、子ども椅子は、子どもが示す人間発達の過程で、親と子どもを結びつける役割を持っていることが観察できた。第二に、子ども椅子は大人椅子と異なる構造を持っており、独自の形態と機能を持っていることがわかった。第三に、子ども椅子には遊びの要素が含まれており、単に座るだけでなく、それ以外に人と人を結びつける機能を持つ可能性のあることを、子ども椅子展や付随するイベントで確認することができた。これらの子ども椅子の広がりからみて、逆に子ども椅子は生活文化の重要な要素となっていることを確認できた。

第七章では、「椅子の社会的ネットワーク」について考えた。第一に、ソローの指摘した三つの椅子を考察して、「社交の椅子」などの椅子の社会的機能に注目した。第二に、椅子には、「ディドロ効果」などによる「環境関係性」という特性の存在することを確認した。第三に、駅のベンチや公園ベンチを観察して、椅子やベンチを媒介とした人びとのネットワークが形成されるのをみた。椅子の持つネットワーク性という社会的機能について考えた。

終章では、「椅子からみる経済社会」というテーマで考えた。クラフツ生産で椅子が作られるのだが、逆に結果として、椅子が経済社会を作ることにもなることをみた。第一に、椅子クラフツ生産の成立が現代においていかに困難を伴っているのかについて、「成立不可能性」という現象としてみた。第二に、クラフツ生産の成立不可能性を克服するためには、経済的な補助だけでなく、社会文化的な助成などが不可欠であることをみた。とりわけ、クラフツ生産が持つ特性として、「有益な失敗」現象に注目した。第三に、椅子クラフツ文化の持つ「社交効果」の事例を探求した。

以上でみてきたように、椅子クラフツ生産は小規模化する傾向にあり、生産性が低く、労働集約的であるという特徴を持っていることがわかった。そしてもちろん、経済的には大規模生産との競争に敗れ衰退する可能性を持っているにもかかわらず、コスト病仮説のいう社会的影響や社会文化的な助成などの効果によって、今後も生き残っていく可能性が高いことを明らかにしてきた。とりわけ、クラフツ文化の「無名性」と「手づくり生産」には、「有益な失敗」や「社交効果」を惹起させる隠された作用を持っており、椅子という日常使いの道具には、まだまだ発見されない潜在力のあることを感じさせられたのである。椅子クラフツは、いつもわたしたちの最も身近なところにあって、生活への影響を与えていると同時に、経済社会のクラフツ文化全体に対して影響を与えてきている。椅子は生活ネットワーク全体の中に座って作用を及ぼすものなのだ。

あとがき

本書が目指したのは、もし「椅子の世界」に全体というものがあるならば、それを知ろうということだ。それには、少なくとも作って座って椅子の世界に入り込み感じることが必要だ。「椅子の世界」全体に手を掛けるには、どのような感じ方があるのだろうか。

椅子を並べて、人間社会のシルエットを表すという例には、枚挙に暇ないだろう。小説や演劇やオペラなどで描かれる「社交界」を表すときにも、よく使われている。中でも、舞踏会の場面ではさまざまな種類の椅子が不可欠だ。ホールの半分は踊りの空間となっているのだが、もう半分には、椅子が置かれ、社交が展開される空間を構成する。このような椅子に想いを馳せることも、「椅子の世界」の感じ方のひとつに違いない。

たとえば、ロシアのプーシキン『エフゲニー・オネーギン』の舞踏会はいかがだろうか。近年のメトロポリタン劇場に掛かったチャイコフスキー作曲のオペラでは、舞踏会を表わすときに、数多くの雑多な椅子が舞台一面に並べられていた。ボリショイ劇場の古典的な舞台でも、ロココ調の椅子が目立ったのだ。これらの椅子が並べられただけでも、「オネーギン」の社交界に巣食う夥しい名士や著名人、紳士淑女たちが、その椅子に座って、社交を繰り広げることを象徴することになる。ひとつの椅子では欺瞞が座り、ひとつの椅子では虚偽が腰掛け、ひとつの椅子では歓楽が渦巻き、ひとつの椅子では倦怠に満ちている。そこに、主役たちのセリフや歌曲が音として加われば、舞台の全体が出来上がってしまう。椅子の持つ生活文化を感じさせる力は、人間が腰掛けなくても、社会全体を想像させるに十分な役割を演じてしまうことになるのだ。

さて、椅子の象徴性という抽象度の高い領域にまで足を踏み込んだところで、最後に翻って、もう一度「椅子の世界」全体の足元を見つめ直すために、本書の目的に戻ってみよう。この本では、「椅子をクラフトする（crafting chairs）」とはどのようなことなのか、クラフツ文化というものがもしあるならば、それは現代社会にとってどのような意味を持っているのかをみることを目的としてきた。

椅子をクラフトするには、椅子の全体構成的な考え方が必要であることをみた。全体構成的とは、本書の終章でモースが「全体給付の体系」という言葉で表した状況であり、椅子をつくるだけではなく、また使うだけでもなく、部屋や建物などの周りの条件や、さらには産業の成り立ちなどの経済社会との関係も重要であるという総体的な関係性のことである。もう少し詳しくいうならば、椅子をクラフトするためには、素材を選び、技能を蓄え、自由に椅子をつくることが必要であり、他方、座り心地を求め、デザインを楽しむように、柔軟に椅子を使うことが求められているということである。つまり、椅子をクラフトするということは、椅子の製作・使用を媒介として、自分たちの周りの世界を探り、わたしたちが生きていく世界全体を創り出すことに通ずるのだ。

それには、椅子をつくるための技術・技能を継承したり変化させたりするという試練があったり、お尻の痛さを我慢するという座る文化を持つ必要があったりするような、椅子の世界を造り出すための数々の成功と失敗を覚悟しなければならないことも本書でみてきた。そして、このような中から、いずれ「有益な失敗」を見出し、椅子をつくるだけに止まらず、生産のあり方や経済社会の状況への道を手探りする可能性についても、垣間みることができた。クラフツ生産には特有の利点があり、現代社会の中で優勢を誇っている「大量生産」「ブランド生産」「芸術生産」にはみられない、小規模で柔軟な生産構造を持つという、特別な文化経済のあり方を持っていることも明らかにしてきた。

最後になってしまったが、松本市在住の木工家・椅子製作者の指田哲生氏と、益子夫人には、対談や取材ヒアリングなどにおいて多大な貢献をしていただいた。本書を書く切っ掛けから、調査を行い、叙述に至るまで約五年間掛かっているのだが、そのすべてにわたって、ご夫妻と松本クラフト推進協会そして椅子展に参加している木工家の方々の恩恵に浴している。椅子展に関しては、以下のWebサイトで、各木工家の展示をみることができる。

https://grain-note.weebly.com/exhibition.html

また、本書は放送大学オンライン科目「椅子クラフツ文化の社会経済学」に準拠して作られている。ディレクターである高橋博文氏にはオンライン科目制作でお世話になった。本書の編集では、前著『貨幣・勤労・代理人　経済文明論』（放送大学叢書）に引き続いて、左右社編集部の東辻浩太郎氏に御苦労をおかけした。いつもながらの綿密な編集作業に深謝する次第である。

本書では、椅子という身近な道具を取り上げたので、日々の情報が有益であった。椅子の面白い使い方や素敵な椅子の情報をたくさん寄せてくれた、娘と息子そして妻にも感謝したい。信州で木材業を営んでいた頃の祖父と父との思い出に、本書を捧げたいと思う。

二〇二〇年四月　坂井素思

註と引用文献

第一章

［1］『インテリアデザインの歴史』ジョン・パイル著, 大橋竜太ほか訳, 柏書房, 2015年, p.30. ヘテプヘレス王妃の椅子の椅子写真については, 以下のサイト参照. https://commons.wikimedia.org/wiki/File:Hetepheres_chair.jpg

［2］エジプト文明の椅子については, *Our Egyptian Furniture*, Nora Scott, The Metropolitan Museum of Art Bulletin, 1965, p.134. メソポタミア文明の椅子については『坐の文明論　人はどのようにすわってきたか』矢田部英正著, 晶文社, 2018, p.99.

［3］『ゼムパーからフィードラーへ』ゴットフリート・ゼムパー, コンラート・フィードラー著, 河田智成編訳, 中央公論美術出版, 2016, p.54.

［4］古代エジプト（レクミレ遺跡の椅子職人）の壁画は以下のサイト参照. https://www.osirisnet.net/tombes/nobles/rekhmire100/e_rekhmire100_06.htm

［5］『椅子の文化図鑑』フローレンス・ド・ダンピエール著, 野呂影勇監修, 山田俊治監訳, 三家礼子, 落合信寿, 小山秀紀訳, 東洋書林, 2009, pp.14-17. Nora Scott, op. cit., p.134.

［6］『視線とテクスト　多木浩二遺稿集』多木浩二著, 多木浩二追悼記念出版編纂委員会編集, 青土社, 2013, p.113.

［7］『工藝文化』柳宗悦著, 岩波書店, 1985 (岩波文庫(33)-169-3), p.80.

［8］前掲『椅子の文化図鑑』p.19.

［9］『ねじとねじ回し　この千年で最高の発明をめぐる物語』ヴィトルト・リプチンスキ著, 春日井晶子訳, 早川書房, 2003, p.159.『道具と手仕事』村松貞次郎著, 岩波書店, 1997, p.226.

［10］前掲『椅子の文化図鑑』p.14.

［11］『手仕事　イギリス流クラフト全科』ジョン・シーモア著, 川島昭夫訳, 新装版, 平凡社, 1998, p.12, 33. ボジャーたちの写真は, https://www.youtube.com/watch?v=nP5_OJxNccY

［12］『職人の世界　中世の職人1』ジョン・ハーヴェイ著, 森岡敬一郎訳, 原書房, 1986, p.22, 73.『建築の世界　中世の職人2』ジョン・ハーヴェイ著, 森岡敬一郎訳, 原書房, 1987.

［13］『第二の産業分水嶺』マイケル・J・ピオリ, チャールズ・F・セーブル著, 山之内靖, 永易浩一, 石田あつみ訳, 筑摩書房, 1993, p.37.

［14］前掲『工藝文化』p.43, 78, 205. 前掲『道具と手仕事』p.227.『限界芸術論』鶴見俊輔著, 筑摩書房, 1999,（ちくま学芸文庫[ツ-4-1])p.31, 41.

［15］前掲『工藝文化』p.183.

［16］『ウィンザーチェア大全』島崎信, 山永耕平, 西川栄明著, 誠文堂新光社, 2013,

p.54. 椅子産業の写真は以下のサイトから引用したものである. http://wycombemuseum.org.uk/collections/chair-and-furniture-industry/

［17］『ゴッホの椅子』久津輪雅著, 誠文堂新光社, 2016, p.58.『三四郎の椅子』池田三四郎著, 文化出版局, 1982, p.60.

第二章

［1］『日本のインテリア産業』国民金融公庫調査部編, 上・下, 改訂版, 中小企業リサーチセンター, 1989.『日本の木材関連産業』国民金融公庫調査部編, 中小企業リサーチセンター, 1983, p.31.

［2］『舞台芸術　芸術と経済のジレンマ』ウィリアム・J・ボウモル, ウィリアム・G・ボウエン著, 池上惇・渡辺守章監訳, 芸団協出版部, 1994, p.218.『名画の経済学　美術市場を支配する経済原理』ウィリアム・D・グランプ著, 藤島泰輔訳, ダイヤモンド社, 1991, p.545.『金と芸術　なぜアーティストは貧乏なのか？』ハンス・アビング著, 山本和弘訳, グラムブックス, 2007, p.335.『芸術の売り方』ジョアン・シェフ・バーンスタイン著, 山本章子訳, 英治出版, 2007.

［3］『第二の産業分水嶺』マイケル・J・ピオリ, チャールズ・F・セーブル著, 山之内靖, 永易浩一, 石田あつみ訳, 筑摩書房, 1993, p.38.

［4］『業際化と情報化　産業社会へのインパクト』宮沢健一著, 有斐閣, 1988, p.54.

［5］『産業社会の病理』村上泰亮著, 中央公論社, 1975, p.129.

［6］本章は以下の論文を大幅に書き換え再構成したものである. 坂井素思著「現代のクラフツ経済はなぜ小規模化するのか」『社会経営ジャーナル』第5号, 社会経営研究編集委員会, 2017.

第三章

［1］武蔵野美術大学美術館・図書館の公式iOSアプリケーション「近代椅子コレクション　ムサビのイス3D」については, 以下のところを参照. https://apps.apple.com/jp/app/mau-m-l-近代椅子コレクション-ムサビのイス3d/id1377395319.『椅子の美術館』埼玉県立近代美術館編, 埼玉県立近代美術館, 1989, p.3.

［2］『美しい椅子 1-5』島崎信, 東京生活デザインミュージアム著, エイ出版社, 2003-5.『名作椅子大全　イラストレーテッド』織田憲嗣著, 新潮社, 2007, p.166.

［3］『座って学ぶ椅子学講座　ムサビ近代椅子コレクション400脚：記録集1, 2』島崎信執筆, 菊池直記ほか編集, 武蔵野美術大学美術館・図書館, 2017-18, p.26.

［4］『イギリスの家具』ジョン・ブライ著, 小泉和子訳, 西村書店, 1993, p.127.『インテリアデザインの歴史』ジョン・パイル著, 大橋竜太ほか訳, 柏書房, 2015,

p.209.

［5］ 『トーネットの椅子　ウィーンの曲線』伊奈ギャラリー企画委員会企画, 第3版, INAX, 1994, pp22-33.『トーネット曲木家具』K・マンク著, 宿輪吉之典訳, 鹿島出版会, 1985, pp.34-68.

［6］ https://www.ics.ac.jp/blog_int/images/Original_04316_2.jpg, https://www.ics.ac.jp/blog_int/images/Original_04316_3.jpg, https://espaciojhanniacastro.com/wp-content/uploads/2019/01/thonet-14-pezzi-Copy-300x300.jpg

［7］ 「マルセル・ブロイヤーの家具」展カタログ, 国立近代美術館, 2017, pp.101-3.

［8］ 「アルヴァ・アアルト　もうひとつの自然」展カタログ, 神奈川県立美術館編, 国書刊行会, 2018.「フィンランド・デザイン」展カタログ, 日本経済新聞社, 2017.

［9］ 『アーツ・アンド・クラフツ運動』ジリアン・ネイラー著, 川端康雄, 菅靖子共訳, みすず書房, 2013, p.21, 62, 111.『ゴシックの本質』ジョン・ラスキン著, 川端康雄訳, みすず書房, 2011, p.22.『ガウディの家具とデザイン　現代の家具シリーズ4』リッカルド・ダリージ著, 横山正訳, A.D.A.EDITA Tokyo, 1981, p.42, 64.

［10］ 『ル・コルビュジエの家具』レナート・デ・フスコ著, 横山正訳, A.D.A.EDITA Tokyo, 1978.『ミースの家具』ワーナー・ブレイザー著, 長尾重武訳, A.D.A.EDITA Tokyo, 1981.『建築家の椅子111脚』SD編集部編, 鹿島出版会, 1997, p.45, 48, 49.

［11］ 『自由学園　明日館』谷川正己著, 宮本和義（写真）, バナナブックス, 2016, p.21.

［12］ 『有機的建築　オーガニックアーキテクチャー』フランク・ロイド・ライト著, 三輪直美訳, 筑摩書房, 2009, p.28.『ライトの生涯』オルギヴァンナ・L・ライト著, 遠藤楽訳, 彰国社, 1977, p.286.

［13］ 『マッキントッシュ　インテリア・アーティスト：芸術空間としての家具』ロジャー・ビルクリフ著, 横川善正訳, 芳賀書店, 1988, p.139.『マッキントッシュの家具』フィリッポ・アリソン文, 横山正訳 A.D.A.EDITA Tokyo, 1978, p.103.

［14］ 『Yチェアの秘密』坂本茂・西川栄明著, 誠文堂新光社, 2016, p.45.『ハンス・ウェグナーの椅子100』織田憲嗣著, 平凡社, 2002,『フィン・ユールの世界　北欧デザインの巨匠』織田憲嗣著, 平凡社, 2012.

第四章

［1］ 『音楽記号学』ジャン=ジャック・ナティエ著, 足立美比古訳, 春秋社, 1996, p.19.

［2］ 指田哲生氏は, 長野県松本市在住の家具木工家. 1946年に東京都杉並区に生ま

れ, 都立大卒業後松本職業訓練校木工科を出る. 松本民芸家具協力工場で働く傍ら喫茶店「山猫軒」を経営. 1981年にベロ工房設立, 1984年に松本市中町通りに工芸店「グレイン・ノート」を4人(他に羽柴完氏, 横山浩二氏, 三谷龍二氏)で開店し, 顧客の注文を直接聞いて製作する個人工房スタイルを始める. 1984年「クラフトフェアまつもと」準備に参画, 1985年5月開催以来, 出展者として参加するほか, 事務局長を務めるなどフェアに関わってきている. 毎年9月には, 本書でふれている「グレイン・ノート椅子展」, 5月に「子ども椅子展」を開催している. (作品については第5章図4, 第6章図8, 第1章図17, 目次の図参照).

[3] 『自然学』アリストテレス著, 内山勝利訳, 岩波書店, 2017, pp.52-8.

[4] 『メイキング　人類学・考古学・芸術・建築』ティム・インゴルド著, 金子遊, 水野友美子, 小林耕二訳, 左右社, 2017, p.75.

[5] 『組織と技能』松本雄一著, 白桃書房, 2003, p.242. 『時間と刃物　職人と手道具との対話』土田昇著, 芸術新聞社, 2015, p.176.

[6] 『状況に埋め込まれた学習　正統的周辺参加』ジーン・レイヴ, エティエンヌ・ウェンガー著, 佐伯胖訳, 産業図書, 1993, p.39. 『暗黙知の次元』マイケル・ポランニー著, 高橋勇夫訳, 筑摩書房, 2003, p.18.

[7] 『ホモ・ファーベル　西欧文明における労働観の歴史』アドリアーノ・ティルゲル著, 小原耕一・村上桂子訳, 社会評論社, 2009, p.89.

[8] 『「もの」の詩学　家具, 建築, 都市のレトリック』多木浩二著, 岩波書店, 2006, (岩波現代文庫, 学術153), p.21.

[9] 『経済的文明論　職人技本能と産業技術の発展』T.ヴェブレン著, 松尾博訳, ミネルヴァ書房, 1997, p.24, 28.

[10] 『新訳ベルクソン全集4　創造的進化』アンリ・ベルクソン著, 竹内信夫訳, 白水社, 2013, p.164.

[11] 『身ぶりと言葉』アンドレ・ルロワ=グーラン著, 荒木亨訳, 筑摩書房, 2012, (ちくま学芸文庫[ル6-1]), p.366.

[12] 「短い訪問者のための椅子　1988」「ブルーノ・ムナーリ」展カタログ, ブルーノ・ムナーリほか著, 神奈川近代美術館, 求龍堂, 2018, p.129.

[13] 『木のこころ　木匠回想記』ジョージ・ナカシマ著, 神代雄一郎, 佐藤由巳子訳, 鹿島出版会, 1983, p.183.

[14] 『クラフツマン　作ることは考えることである』リチャード・セネット著, 高橋勇夫訳, 筑摩書房, 2016, p.396.

第五章

[1] 『視線とテクスト　多木浩二遺稿集』多木浩二著, 多木浩二追悼記念出版編纂委員会編集, 青土社, 2013, pp.123-4.

[2] 『坐の文明論　人はどのようにすわってきたか』矢田部英正著, 晶文社, 2018,

p.282.
〔3〕 『「座る」を考えなおす　椅子の生活に革新的な機能性デザイン』ピーター・オプスヴィック著, 豊田成子訳, 島崎信監修, ガイアブックス, 2009, p.9.
〔4〕 『機能主義理論の系譜』エドワード・R・デ・ザーコ著, 山本学治, 稲葉武司訳, 鹿島出版会, 2011, (SD選書256).
〔5〕 『工藝文化』柳宗悦著, 岩波書店, 1985, (岩波文庫(33)-169-3), p.194.

第六章

〔1〕 『幼児期と社会 1, 2』E・H・エリクソン著, 仁科弥生訳, みすず書房, 1977, 1980, p.117.
〔2〕 『玩具と理性　経験の儀式化の諸段階』E・H・エリクソン著, 近藤邦夫訳, みすず書房, 1981, p.32.
〔3〕 『三四郎の椅子』池田三四郎著, 文化出版局, 1982, p.122.
〔4〕 『木の民芸　日常雑器に見る手づくりの美』池田三四郎著, 文化出版局, 1972.
〔5〕 「ウィンザーチェアと子供椅子(特集建築家・中村好文と考える　意中の家具)」芸術新潮53(12), pp.20-23, 新潮社, 2002.
〔6〕 『家具の仕事ぶり』建築家中村好文×家具職人横山浩司・奥田忠彦・金澤知之著, 竹中大工道具館, 2015, p.13.
〔7〕 『ウォーキング・ウィズ・クラフト　クラフトフェアまつもとの30年』小田時男・指田哲生・伊藤博敏・蒔田卓坪・古市まゆみ・阿部藏之・柏木圭・三谷龍二・市川真理・北原沙知子・藤井雄介ほか著, NPO松本クラフト推進協会編, 2014, p.12, 28, 34.「かわいい椅子には旅をさせよ(はぐくむ工芸)」『工芸の五月ガイドブック』NPO松本クラフト推進協会, 2013-15.

第七章

〔1〕 「第六章　訪問者たち」『森の生活　ウォールデン 上下』H・D・ソロー著, 飯田実訳, 岩波書店, 1995, (岩波文庫赤(32)-307-1,2), p.251. *The Chair : rethinking culture, body, and design*, Galen Cranz W.W. Norton, 1998, p.17.
〔2〕 『黒田辰秋　木工の先達に学ぶ』早川謙之輔著, 新潮社, 2000.『木工のはなし』早川謙之輔著, 新潮社, 1993, pp.216-8.
〔3〕 nychairx公式サイトでの新居猛氏の言葉 https://www.nychairx.jp
〔4〕 『1000 chairs　1000チェア』シャーロット&ピーター・フィール著, Taschen, 2010, p.17.
〔5〕 『EAMES』チャールズ&レイ・イームズ著, タッシェン・ジャパン, 2008, p.21.
〔6〕 『坐の文明論　人はどのようにすわってきたか』矢田部英正著, 晶文社, 2018, p.20.
〔7〕 『道徳感情論』アダム・スミス著, 村井章子・北川知子訳, 日経BP社, 2014,

p.393.

［8］　『文化と消費とシンボルと』G・マクラッケン著, 小池和子訳, 勁草書房, 1990, p.202.

［9］　*Between Past and Future: Six Exercises in Political Thought*, Hannah Arendt, Viking Press, 1961, p.123.

［10］　『贈与論　他二篇』マルセル・モース著, 森山工訳, 岩波書店, 2014, (岩波文庫白(34)-228-1), p.101. 『親族の基本構造』クロード・レヴィ=ストロース著, 福井和美訳, 青弓社, 2000, p.138.

［11］　『西太平洋の遠洋航海者』B・マリノフスキー著, 寺田和夫・増田義郎訳. 『マリノフスキー　レヴィ=ストロース』泉靖一責任編集, 中央公論社, 1967, (世界の名著59)所収, p.331, 337.

［12］　『サードプレイス　コミュニティの核になる「とびきり居心地よい場所」』レイ・オルデンバーグ著, 忠平美幸訳, みすず書房, 2013, p.127.

［13］　『パタン・ランゲージ　町・建物・施工』クリストファー・アレグザンダーほか著, 平田翰那訳, 鹿島出版会, 1984, p.592.

第八章

［1］　「戦略をクラフトする」『人間感覚のマネジメント』ヘンリー・ミンツバーグ著, 北野利信訳, ダイヤモンド社, 1991, p.48, 58. 『金と芸術　なぜアーティストは貧乏なのか？』ハンス・アビング著, 山本和弘訳, グラムブックス, 2007, p.280.

［2］　『クラフツマン　作ることは考えることである』リチャード・セネット著, 高橋勇夫訳, 筑摩書房, 2016, p.175.

［3］　『エセー 1-7』ミシェル・ド・モンテーニュ著, 宮下志朗訳, 白水社, 2005, p.334.

［4］　『ディドロ「百科全書」産業・技術図版集』島尾永康編・解説, 朝倉書店, 2005. 『フランス百科全書絵引』ジャック・プルースト監修・解説, 青木国夫ほか訳, 平凡社, 1985, p.390. フランス百科全書のデジタル画像版については, 以下のサイト参照. https://www.library.pref.osaka.jp/France/France.html

［5］　前掲『クラフツマン　作ることは考えることである』p.187.

［6］　『椅子の文化図鑑』フローレンス・ド・ダンピエール著, 野呂影勇監修, 山田俊治監訳, 三家礼子, 落合信寿, 小山秀紀訳, 東洋書林, 2009, p.74.

［7］　『名作椅子の由来図典』西川栄明著, 坂口和歌子イラスト, 誠文堂新光社, 2011, p.44.

［8］　『都市と緑地　新しい都市環境の創造に向けて』石川幹子著, 岩波書店, 2001, p.38. 『明日の田園都市』新訳, エベネザー・ハワード著, 山形浩生訳, 鹿島出版会, 2016,

［9］　『リーディングス　ネットワーク論　家族・コミュニティ　社会関係資本』野沢慎司編・監訳, 勁草書房, 2006, p.243.

〔10〕『贈与論　他二篇』マルセル・モース著, 森山工訳, 岩波書店, 2014, (岩波文庫白(34)-228-1), p.101.『親族の基本構造』クロード・レヴィ=ストロース著, 福井和美訳, 青弓社, 2000, p.138.
〔11〕『集団　人類社会の進化』河合香吏編, 京都大学学術出版会, 2009, p.297.『制度　人類社会の進化』河合香吏編, 京都大学学術出版会, 2013, p.314.『他者　人類社会の進化』河合香吏編, 京都大学学術出版会, 2016, p.436.
〔12〕『組織化の社会心理学』カール・E・ワイク著, 遠田雄志訳, 文眞堂, 1997, p.308.
〔13〕前掲『贈与論　他二篇』p.70.
〔14〕『市場社会の虚構性』K・ポランニー著, 玉野井芳郎, 栗本慎一郎訳, 岩波書店, 1980, (岩波現代選書47).『人間の経済1』K・ポランニー著, 玉野井芳郎, 栗本慎一郎訳, 岩波書店, 1980, (岩波現代選書47), p.105.
〔15〕「第三章　社交」『社会学の根本概念』ゲオルグ・ジンメル著, 清水幾太郎訳, 岩波書店, 1979, (岩波文庫白(33)-644-2), p.85.
〔16〕『大衆の反逆　無脊椎のスペイン　オルテガ著作集2』オルテガ著, 桑名一博訳, 白水社, 1969, p.182.『椅子と身体　ヨーロッパにおける「坐」の様式』山口恵里子著, ミネルヴァ書房, 2006, p.475.
〔17〕『人間の条件』ハンナ・アレント著, 志水速雄訳, 中央公論社, 1973, p.53.
〔18〕*City of green benches: growing old in a new downtown*, Maria D. Vesperi, Photographs by Ricardo Ferro, Cornell University Press, 1985, p.41.
〔19〕*The Making of St. Petersburg* , Will Michaels , The History Press, 2012.
〔20〕『技術とは何だろうか　三つの講演』マルティン・ハイデガー著, 森一郎編訳, 講談社, 2019, (講談社学術文庫[2507]), p.29.
〔21〕「生命」『吉野弘詩集』小池昌代編, 岩波書店, 2019, (岩波文庫緑(31)-220-1), p.139.
〔22〕*The Park Bench*, Chabouté, Faber&Faber, 2017, p.299.

はじめに

著者撮影

第一章

図1 エジプト考古学博物館所蔵(https://commons.wikimedia.org/wiki/File:Hetepheres_chair.jpg)

図2, 3 https://www.osirisnet.net/tombes/nobles/rekhmire100/e_rekhmire100_06.htm

図4, 6 Tomb of Rekhmire(TT-100)壁画を模写したテンペラ画(描画Nina de Garis Davies), メトロポリタン美術館所蔵(https://www.metmuseum.org/art/collection/search/544639, 544640)

図5, 8 大英博物館所蔵(https://www.bmimages.com/)

図7 大英博物館所蔵(https://research.britishmuseum.org/collectionimages/AN00180/AN00180352_001_l.jpg)

図9, 10, 12 The Chiltern Bodgers, 1935, Ercol社. East Anglian Film Archive "1934-1935 Chiltern Hills, Buckinghamshire", http://www.eafa.org.uk/catalogue/4454, ©2011 The East Anglian Film Archive of the University of East Anglia.

図13 ウィッカム博物館所蔵

図14 河井寛次郎記念館所蔵, 著者撮影

図15 https://commons.wikimedia.org/wiki/File:Vincent_Willem_van_Gogh_137.jpg, https://commons.wikimedia.org/wiki/File:Vincent_Willem_van_Gogh_138.jpg

図16, 17 著者撮影

第二章

図1, 15 著者撮影

図2, 4, 6, 7, 10L, 11, 12, 13, 19, 20, 22, 23 武蔵野美術大学美術館・図書館所蔵(https://mauml.musabi.ac.jp/)

図3 https://commons.wikimedia.org/wiki/File:Michael_Thonet.jpg by Unknown author 1855

図5 http://www.tob-arquitectura.com/amplia/223/la-silla-mas-famosa-del-mundo.html

図8 https://commons.wikimedia.org/wiki/File:Wmmorris3248.jpg by Emery Walker 1913

図9 モリスの椅子（https://www.wmgallery.org.uk/collection/browse-the-collection/tub-chair-h26-c-1856-60/object-type/furniture/page/3 William Morris Gallery），ガレの椅子（https://fr.wikipedia.org/wiki/Fichier:Borély-art_nouveau-Gallé-chaise.jpg ©Rvalette 2013）と長椅子（https://fr.wikipedia.org/wiki/Fichier:Banquette_aux_ombelles_(musée_de_lEcole_de_Nancy)_(7979231788).jpg ©Jean-Pierre Dalbéra 2012）©Banquette_aux_ombelles_(musée_de_lEcole_de_Nancy) by Jean-Pierre Dalbéra, ガウディの椅子 https://commons.wikimedia.org/wiki/File:Gaudi_furniture.jpg ©Gaudi furniture by Son of Groucho

図14 https://commons.wikimedia.org/wiki/File:Frank_Lloyd_Wright_LC-USZ62-36384.jpg by Unknown author 1926

図16 by James Craig Annan, 1893.

図17 ©David P. Howard and licensed for reuse under this Creative Commons Licence. (CC BY-SA 2.0)

図18 詳細不詳（http://jblackdesign.com/uncategorized/mackintosh-and-moderism/より）

図21 THE WILLOW TEA ROOMS TRUST（https://www.willowtearoomstrust.org/）

第四章

図2, 4, 5, 6, 9, 10, 12 著者撮影

図7, 8 指田哲生

図11 武蔵野美術大学美術館・図書館所蔵（https://mauml.musabi.ac.jp/）

第五章

図3UL, 3DL, 4UL, 4UR, 4ML, 8L 指田哲生

図3UR, 3DR, 4MM, 4MR, 4D, 5, 6, 8R, 9, 10 著者撮影

図7 武蔵野美術大学美術館・図書館所蔵（https://mauml.musabi.ac.jp/）

第六章

図1, 3, 5, 6, 7, 8, 9, 10, 11, 12 著者撮影

図4 著者撮影（松本民藝生活館所蔵）

第七章

図3 https://commons.wikimedia.org/wiki/File:Replica_of_Thoreau's_cabin_near_Walden_Pond_and_his_statue.jpg ©RhythmicQuietude 2010, https://commons.wikimedia.org/wiki/File:Thoreau's_cabin_inside.jpg ©Namlhots 2006

図4U 豊田市美術館所蔵

図4D, 5U 著者撮影（武蔵野美術大学美術館・図書館所蔵, https://mauml.musabi.ac.jp/）

図5D nystyle.co

図8 アメリカ議会図書館

図9 武蔵野美術大学美術館・図書館所蔵（https://mauml.musabi.ac.jp/）

図11, 12, 13, 17, 18, 19, 20 著者撮影

図14 https://commons.wikimedia.org/wiki/File:Frank_lloyd_wright_per_metal_office_furniture_company_(oggi_steelcase_inc.),_scrivania_e_sedia,_grandrapids_MI_1937-39.jpg ©sailko 2016, アメリカ議会図書館（http://loc.gov/pictures/resource/highsm.15571/ ©Carol M. Highsmith）

図21 Christopher Alexander, Sara Ishikawa, Murray Silverstein, *A Pattern Language: Towns, Buildings, Construction*, Oxford University Press, 1977

第八章

図2, 10 著者撮影

図3 大阪府立図書館デジタル画像フランス百科全書図版集（https://www.library.pref.osaka.jp/France/France.html）

図4 ルーブル美術館所蔵（©2011 Musée du Louvre / Philippe Fuzeau）

図8 https://commons.wikimedia.org/wiki/File:Dionisov_teatar_u_Akropolju.jpg ©Micki 2007

図9 https://commons.wikimedia.org/wiki/File:Japanese_diet_inside.jpg by Chris 73, https://commons.wikimedia.org/wiki/File:House_of_Commons_Chamber.png ©UK Paliament 2012

坂井素思　さかい・もとし

一九五〇年、信州で木材業を経営していた祖父の家に生まれる。最初に座った記憶のある椅子は、木枠にデニム地座面の長椅子だ。幼稚園時代に松本民芸家具工場前の道をかよった。松本市中町通りのちきりや工芸店へ母に連れていかれる。一九五六年の小学校入学から大学院時代まで、図書館の大テーブルの椅子の記憶しかない。一九八一年に結婚したとき、民芸調の重厚な応接椅子と食卓椅子を購入し、修理しながら使い続けている。グレイン・ノート椅子展の木工家の作る椅子に、いつも好奇心を覚えつつ座っている。一九八五年、放送大学教養学部助教授に就任、現在同大学経済学教授。社会経済学、産業・消費社会論、クラフツ文化経済論を専攻。主な単著に『貨幣・勤労・代理人　経済文明論』（左右社刊）、『経済社会論』『家庭の経済』『社会的協力論』、編著に『社会科学入門』『市民と社会を生きるために』『社会の中の芸術』『格差社会と新自由主義』『経済社会を考える』（放送大学教育振興会刊）などがある。

椅子クラフトはなぜ生き残るのか

二〇二〇年五月三十日　第一刷発行

著者　坂井素思
発行者　小柳学
発行所　株式会社左右社
一五〇-〇〇〇二
東京都渋谷区渋谷二-七-六-五〇二
TEL 〇三-三四八六-六五八三
FAX 〇三-三四八六-六五八四
http://www.sayusha.com
装幀　松田行正＋杉本聖士
印刷所　精文堂印刷株式会社

Printed in Japan. ISBN978-4-86528-277-1